中国地质调查"DD20190504"项目资助

黄土高原植被与地貌侵蚀研究

于国强　李占斌　李　鹏　张　霞　著

科学出版社

北　京

内 容 简 介

　　本书详细论述了坡沟系统尺度下植被对水蚀动力过程的调控作用，以及流域尺度下地貌形态对侵蚀产沙的影响方式和作用机理等问题。全书共7章，主要包括不同植被格局下坡沟系统水蚀动力变化过程研究、不同植被格局下坡沟系统泥沙来源变化及侵蚀动力调控机制、黄土高原丘陵沟壑区临界地貌侵蚀产沙特征等内容。除了系统介绍国内外的最新进展外，还着重介绍了作者近年来的研究成果。

　　本书可供水文水资源、水土保持、土壤学、环境科学等专业的科研人员、工程技术人员和高等学校师生阅读和参考。

图书在版编目（CIP）数据

黄土高原植被与地貌侵蚀研究/于国强等著 . —北京：科学出版社，2020.5
ISBN 978-7-03-065027-6

Ⅰ.①黄…　Ⅱ.①于…　Ⅲ.①黄土高原–植被–研究 ②黄土高原–土壤侵蚀–研究　Ⅳ.①Q948.15 ②P942.074

中国版本图书馆 CIP 数据核字（2020）第 074572 号

责任编辑：张井飞　韩　鹏　姜德军／责任校对：王　瑞
责任印制：吴兆东／封面设计：耕者设计工作室

科学出版社 出版
北京东黄城根北街 16 号
邮政编码：100717
http://www.sciencep.com

北京中石油彩色印刷有限责任公司 印刷
科学出版社发行　各地新华书店经销
*

2020 年 5 月第 一 版　开本：787×1092　1/16
2020 年 5 月第一次印刷　印张：9 1/4
字数：220 000

定价：118.00 元
（如有印装质量问题，我社负责调换）

前　言

　　黄河是中华民族的母亲河，而黄河流域是中华文明的发祥地，是我国重要的生态屏障和经济地带，是打赢脱贫攻坚战的重要区域。推动黄河流域生态保护与高质量发展是事关中华民族伟大复兴和永续发展的千秋大计，是重大国家战略。2020年1月3日，习近平总书记在中央财经委员会第六次会议上再次强调："黄河流域必须下大气力进行大保护、大治理，走生态保护和高质量发展的路子。"

　　黄土高原地区是目前世界上土壤侵蚀强烈、侵蚀危害严重的地区之一，严重的水土流失不仅恶化了生态环境，造成贫困，制约了社会经济的可持续发展，而且大量流失泥沙淤积在干支流河道，给黄河中下游劳动人民的生命财产安全带来了极大的隐患。黄土高原水土流失治理任务仍旧艰巨。

　　因此，深化坡沟系统植被空间配置方式对侵蚀动力调控机理的认识，是土壤侵蚀研究关注的焦点问题。坡沟系统作为流域的基本组成部分，其侵蚀输沙过程的产生与发展是土壤侵蚀动力机理研究的核心问题，也是流域水土流失防治的关键。随着土壤侵蚀研究不断发展，揭示坡沟系统水蚀过程的发生、发展机理，阐明植被措施对坡沟系统水蚀过程的调控机理，提出合理的调控方法，成为目前土壤侵蚀研究的焦点问题。

　　本书以地貌形态简单的单元坡沟系统为研究对象，利用室内冲刷试验和间歇性降雨试验，结合三维激光扫描和微地貌分析技术，研究了不同植被配置下坡沟系统水蚀动力的变化过程。从水文、泥沙、微地貌等角度分析了坡沟系统中植被格局的水沙调控作用，阐明不同植被格局下泥沙来源的变化，揭示坡沟系统植被格局的侵蚀动力学作用机制，提出低覆盖度下植被调控坡沟系统侵蚀的优化配置方式。同时以黄土高原丘陵沟壑区第一副区内典型小流域岔巴沟为研究对象，确定综合因素对流域侵蚀产沙特征的影响程度，验证了流域临界地貌侵蚀产沙现象的真实存在，建立并验证流域尺度次降雨临界地貌侵蚀产沙分段预测模型；揭示地貌形态对流域侵蚀产沙的影响方式和作用机理。为推动建立黄土高原流域土壤侵蚀预报模型提供理论基础，为小流域坡沟治理措施的优化配置提供科学依据。

　　全书所有成果由陕西省创新能力支撑计划"旱区地下水文过程与表生生态重点科技创新团队"（2019TD-040）、中国地质调查局地质调查项目"陕北榆林荒漠化区综合地质调查与评价"（DD20190504），以及国家自然科学基金项目"基于能量过程的坡沟系统侵蚀产沙过程调控与模拟"（41471226）、"黄土高原生态建设的生态–水文过程响应机理研究"（41330858）共同资助完成。全书大纲由于国强、李占斌、李鹏共同商定，由于国强、李鹏、张霞执笔并负责修改、校对，由李占斌、李鹏对全书进行审阅并提出修改意见。第1章由李占斌、李鹏、张霞撰写；第2章由张霞、汤珊珊撰写；第3章由于国强、李聪撰写；第4章由于国强、汤珊珊、李聪撰写；第5章由张霞、于国强撰写；第6章由于国强、张霞、李鹏撰写；第7章由于国强、李鹏、汤珊珊撰写。感谢中国地质调查局西安地质调查中心博士后合作导师张茂省研究员、中心主任李志忠研究员、中心副主任王洪亮研究员、水文与环境地质室主任尹立河研究员给我的热心指导，为笔者排忧解难，解决笔者的后顾之忧。在成书的过程中，西安理工大学鲁克新副教授、侯精明教授、时鹏副教授、高海东副教授、任宗萍副教授、苏远逸博士、马勇勇博士，黄河水利委员会黄河水利科学研究院申震洲教授级高级工程师提出了宝贵的修改意见，在此表示感谢。由于笔者水平有限，书中难免出现疏漏之处，恳请读者批评指正。

于国强

2020 年 3 月 21 日于西安

目　　录

1 绪 论

1.1 研究背景及意义

黄土高原是目前世界上土壤侵蚀强烈、侵蚀危害严重的地区，严重的水土流失不仅破坏了生态环境，还严重阻碍了社会经济的可持续发展；同时，大量的泥沙由于流失而淤积在河道内，给黄河中下游人民的生命财产安全带来极大的安全隐患。随着西部大开发战略的深入实施，国家明确将黄土高原水土保持作为国家生态环境建设重点，提出了以水土保持生态修复为核心治理水土流失和生态环境的新思路，实施并启动了黄土高原水土保持生态建设的巨大工程。以大范围退耕还林还草等措施为主的生态环境修复使黄土高原恶劣的水土流失环境得到了显著改善。因此，深入开展黄土高原土壤侵蚀机制的研究，从坡沟系统出发，从小尺度角度入手，开展黄土高原坡沟系统的植被空间配置对水蚀动力过程和土壤侵蚀输沙特征的调控机理研究，优化有限的植被配置方式，对于深入认识植被对水土流失的调控机理、揭示流域地貌侵蚀产沙特征、确定小流域坡沟治理的重点和关键、制定合理的水土流失调控策略以及减少入黄泥沙有着重要的现实意义和科学意义（朱显谟，1960；唐克丽，2004a；王光谦等，2020；刘晓燕，2016；胡春宏和张晓明，2019；刘国彬等，2017；Hu，2020）。

在人们生活的黄土高原地区，坡沟系统是重建和恢复生态环境、调控水土流失的基本单元，其系统范围内的侵蚀产沙是流域泥沙的主要来源。长久以来，坡沟系统乃至流域的水土流失治理一直是研究的热点。坡沟系统乃至流域的侵蚀产沙特征及其机制长久以来一直是充分理解侵蚀产沙机理以及控制泥沙来源和生态环境恢复重建的重要关键性问题，也是评估流域水土流失、预测发生发展趋势、建立水土流失预报模型的核心问题。坡沟系统降雨-径流-侵蚀-产沙关系密切，紧密联系着坡沟系统侵蚀产沙特征及规律、流域尺度径流侵蚀输沙过程的调控和流域水土保持措施的优化配置，关键在于深刻理解坡沟系统径流水蚀过程及其侵蚀产沙过程机理，为水土流失治理提供理论依据。随着土壤侵蚀过程研究的不断深入，揭示坡沟系统及流域水蚀过程，阐明植被格局、下垫面地貌形态对侵蚀产沙的作用机理，提出合理的调控方法，是目前土壤侵蚀研究关注的焦点之一。

长久以来，针对治沟为主还是治坡为主的讨论主要反映出土壤侵蚀规律的研究还不够深入。坡沟系统是联系坡面、沟道和流域的关键纽带，随着土壤侵蚀过程与机理研究的长足发展，诸多研究人员开始意识到坡面与沟道在流域降雨、产流、汇流以及侵蚀产沙的整个过程中是一个整体，而不能孤立考虑。林草措施在坡沟系统的水土流失防治中发挥着重要作用。而植被的破坏、不合理的人类工程活动对坡沟系统乃至流域起着加剧侵蚀的作用。为保障我国西部大开发战略得以顺利实施，黄土高原地区正在积极实行退耕还林还草等措施，在此过程中，生物措施在防治水土流失、保护生态方面的作用逐渐受到人们的重视。

随着土壤侵蚀研究的不断深入，植被重建和恢复成为生态环境建设的一个重要组成部分。从本质上说，植被之所以能够降低水土流失，主要是由于其能够削弱径流侵蚀动力、分散径流侵蚀能量，提高土壤抗冲性。因此，深入开展植被调控侵蚀动力的影响机制研究，对于深化研究植被水土保持作用调控机理具有重要意义。诸多成果表明，坡面植被的布设方式及布设位置的差异是引起土壤侵蚀差异的一个关键因素。合理调整植被空间配置方式可以有效改善土壤性状，从而可以降低或防止水土流失；同时也有研究表明，不合理的植被空间配置方式将会导致更为严重的土壤侵蚀。

在水资源极其紧缺、生态环境极为脆弱的黄土高原地区，植被存活率有限，需要足够清醒意识到生态环境和水资源关系的适应性和差异性，不能背离生态规律和水资源规律，要"量水而行"，不可盲目加大绿化面积和程度，不可盲目植树造林（王光谦等，2020；刘晓燕，2016；胡春宏和张晓明，2019；刘国彬等，2017；Hu，2020）。因此，生态环境建设的最佳选择是要运用科学的方法和手段对植被进行恢复和重建。有限的水资源仅仅适合一定数量和规模的植被生长，而如何优化配置在坡沟系统和流域系统内的有限生长的植被则是一个关乎土壤侵蚀合理调控、水资源以及土地生产力理性发展的复杂议题。在坡沟系统和流域系统中，如何优化配置有限的植被才能最大限度发挥出其有效的水土保持调控作用以及如何对有限的植被进行优化配置已成为水土流失治理的关键问题。但由于认识过程和研究手段方面还存在一定不足，有关坡沟系统中植被空间配置对径流侵蚀产沙作用机制的研究相对较少。因此，开展坡沟系统有限植被的优化配置研究，评估植被格局水土保持功效，最大限度发挥出有限植被的水土保持功效，对于深化坡沟系统植被空间配置方式对侵蚀产沙调控机理的认识具有重要的科学意义和现实意义。

鉴于以上几个方面的考虑，本书从模拟试验入手，以地貌形态中较为简单的坡沟系统概化的物理模型为载体，结合三维激光扫描技术，利用室内上方来水冲刷试验和间歇性降雨试验，探讨有限植被覆盖条件下不同植被配置方式对坡沟系统水动力特性及侵蚀产沙过程的影响，阐明坡沟系统侵蚀输沙过程与泥沙来源，揭示坡沟系统植被空间配置的减蚀机理。以黄土高原丘陵沟壑区第一副区内典型小流域为研究对象，结合流域次降雨侵蚀产沙特征，确定综合因素对流域侵蚀产沙内在特征的影响程度，验证流域临界地貌侵蚀产沙现象的真实存在。建立并验证流域尺度次降雨临界地貌侵蚀产沙分段预测模型；阐明黄土高原丘陵沟壑区不同地貌形态的侵蚀产沙特征，揭示地貌形态对流域侵蚀产沙的调控方式和作用机理。以期为黄土高原流域土壤侵蚀预报模型提供理论基础，为流域水土流失调控决策提供科学依据。本书研究成果对黄土高原水土流失治理规划和措施配置有重要意义，为流域土壤侵蚀预报模型的发展提供科学依据，为水土保持林草措施以及水土保持工程措施的优化配置和开展提供有益参考，为推动不同空间尺度的侵蚀产沙时空规律研究的深入发展以及水土流失综合治理提供科学依据。

1.2 国内外研究进展

1.2.1 坡沟系统径流侵蚀产沙研究进展

国际上关于土壤侵蚀的研究已经经历了百年的发展历史，经历了三个主要发展阶段。

德国土壤学家 Wallny 在 1877～1895 年间进行了第一批土壤侵蚀小区观测试验，在此期间，土壤侵蚀宏观规律的观察与认识还以定性描述为主。20 世纪 20～60 年代，土壤侵蚀研究主要采用定量表达和定位观测方法，建立、应用并发展了诸多经验关系方程和通用土壤流失方程。在此之后，尤其是 20 世纪 80 年代以来，主要采用理论分析，数学模拟及试验模拟相结合的手段开展土壤侵蚀动力学机制的研究。

坡沟系统是侵蚀产沙发生的基本单元，也是流域基本的构成单元，丘陵沟壑区的人类工程活动主要集中在坡面和沟道范围内。对于侵蚀产沙过程的描述与研究分析均是从坡沟系统开始的（郑粉莉和高学田，2000；傅伯杰等，1999；张胜利，1994；李占斌等，2008；唐克丽，2004a；陈浩，2000）。坡沟系统土壤侵蚀主要包括雨滴击溅侵蚀、面蚀（片蚀）、细沟侵蚀、浅沟侵蚀以及切沟侵蚀。整个坡面的侵蚀发育阶段基本以上述的几个侵蚀类型相互联系和嵌套组合而成（郑粉莉和高学田，2000；傅伯杰等，1999；张胜利，1994）。Foster 等（1984）将坡沟径流侵蚀分为细沟间侵蚀和细沟侵蚀两部分。细沟间侵蚀是指雨滴击溅地表引发的溅蚀过程和地表形成的薄层水流对土壤颗粒的分散、输移过程（即为片蚀）。关于坡沟系统的侵蚀产沙以及水蚀过程的研究就是对上述过程发生、发展的发育规律进行定量剖析，掌握其在坡沟系统侵蚀中的作用，以及各个影响因子对整个侵蚀过程的作用。目前总结探究侵蚀现象与规律为历年来黄土高原环境整治中实践性与理论性都很强的科学命题。但是由于缺乏关于侵蚀过程和泥沙来源的辨识手段，坡沟系统侵蚀过程的研究依然停留在定性描述时期。

诸多学者（郑粉莉和高学田，2000；傅伯杰等，1999；张胜利，1994；李占斌等，2008；唐克丽，2004a，2004b；陈浩，2000）就黄土高原土壤侵蚀分区和侵蚀类型等问题在不同时期进行了细致深入的研究。陈永宗（1963，1988）、承继成（1965）就黄土高原地区土壤侵蚀形态和侵蚀方式的分带性特征进行了仔细的讨论分析，认为坡沟系统地表径流作用是十分复杂的问题，它取决于降雨特征、坡长、坡形、地表径流强度以及地表抗蚀强度等诸多因素。唐克丽及其合作者归纳总结前人的研究成果（唐克丽，1991，2004a，2004b），结合工作实践，系统地研究了黄土高原地区土壤侵蚀的区域分布特征，取得的研究结果进一步增强了人们对于黄土高原地区土壤侵蚀区域差异性以及土壤侵蚀环境规律的理解，清晰地展示了坡沟系统土壤侵蚀形态和侵蚀方式空间垂直差异的基本布局，为从动力学角度定量研究坡沟系统侵蚀规律和坡面与沟道关系奠定了坚实的研究基础（蔡强国，1989，1995，1996，1998；蔡强国等，2004；李占斌，1991；李勇和朱显谟，1990）。

20 世纪 40 年代初，甘肃天水建立了最早的水土保持试验站，开始了坡沟系统侵蚀产沙过程的定点野外观测。但由于当时观测项目少、设备简单，未能有效开展测量工作；真正意义上大规模系统观测研究的开展是在 1949 年后才发展起来的。龚时和蒋德麒（1987）、曾伯庆（1980）、徐雪良（1987）等都对此开展了细致的研究与分析。焦菊英和刘元保（1992）评价了不同估算方法的优劣性，提出了用系统法定量计算小流域沟谷地与沟间地的产沙量，获得了许多颇为有益的结论：对比侵蚀模数可以看出，沟间地的侵蚀强度一般小于沟谷地；黄土台状地沟壑区的泥沙来源基本均来自沟谷。就典型的黄土丘陵沟壑区而言，如果沟间地和沟谷地面积相近，则泥沙主要来源于沟谷地。如果沟谷地面积比沟间地小得多（团山沟），则泥沙大部分来源于沟间地。齐矗华（1991）根据实际调查资料分析，黄土长坡丘陵沟壑区沟间地的侵蚀产沙总量可能大于沟谷地的侵蚀产沙总量；如果不受塬面来水来沙的作用，沟谷地侵蚀强度将大幅度减弱。陈浩（1992）结合离石羊道沟实际观测资料和室内模拟试验也指出了上方来水来沙强化了整个坡沟系统径流侵蚀产沙过程的侵蚀强度；并通过实体模型试验剖析了上方来水对不同部位的产沙贡献率，表明在有无上方来水的条件下，各个部位的侵蚀产沙量存在显著差异，上方来水对坡沟系统侵蚀产沙作用明显影响很大。由于上方来水的影响，梁峁坡侵蚀产沙量增大20%~64%，谷坡侵蚀产沙量增大43%~75%。同时不合理开垦，破坏植被等人类工程活动极度加剧了坡沟系统乃至整个流域的径流侵蚀过程。唐克丽（1983，2004b）考察杏子河流域后指出，在沟谷陡坡进行毁林开荒活动严重加剧了该流域土壤侵蚀程度。唐克丽（1983）长期设站观测子午岭林区植被恢复前后的土壤侵蚀特征，提出只有当沟谷植被全部破坏后，侵蚀强度才能够超过坡面时的情况，足以证明植被具有能够显著抑制侵蚀的作用。

降雨形成径流后，水流沿坡向下运动，逐渐形成了坡面流、细沟、浅沟流及沟道流等多种水流形式，在相应的径流作用下形成了片蚀、细沟侵蚀、坡面沟蚀以及沟道侵蚀等土壤侵蚀类型。Horton（1945）从水文学的角度系统地对坡面水流特征进行了定量刻画。Foster 等（1984）结合不同工况的试验和理论研究，探讨了细沟流的流速形态、水力半径、分布及阻力系数的数学公式。Gerard（1992）在野外调查和模拟试验的研究基础上建立了细沟流的流速、流量与过水断面面积间的函数关系。各种形态水流类型的输沙力学特性，通常包括泥沙性质、分离作用及运动形式，径流携运泥沙的能力，输沙率和输移比等，还包括在径流产沙及输沙中的特点。Horton 等（1934）最早建立了坡面流的侵蚀作用与水流的切应力的函数关系。Nearing 等（1999）从水动力角度出发开展了系统细致研究。Guy 等（1987）结合试验数据，分析了降雨对坡面流输沙能力的作用。Julien 和 Simons（1986）采用量纲分析法建立了坡面流输沙能力的无量纲表达式。Lu 和 Cassol（1988）结合试验研究了坡面流泥沙运动方式。Foster 等（1984）分析了细沟流分离土壤的作用，表明许多明渠流输沙计算式可用来表达细沟流输沙能力。

1.2.2　植被空间配置对侵蚀产沙影响的研究

大量研究证实，植被可以很好地保护土壤不被侵蚀，同时，植被类型、覆盖率、植被根系以及枯枝落叶层等因素与侵蚀产沙之间的关系受到了诸多关注。另外，植被所具备的形态结构同样也是土壤侵蚀的影响因素（Wang and Lin，1999；Zhang and Liang，1996）。基于降雨造成侵蚀产沙，人们深入探讨了植被在其中的作用，涉及的内容有：枝杆截流减少雨滴击溅侵蚀；落叶吸收雨水，减少冲刷；以及树干本身具有的机械阻挡作用等。由此能够确认，在降雨径流侵蚀中，植被发挥了极大的防范作用（焦菊英等，2003；方学敏等，1998；Williams and Berndt，1977；韩鹏等，2003）。植被不仅具有直接控制侵蚀的作用，还可联合其他因素进一步对侵蚀产生抑制影响。首先，植被的冠部能够截留一部分降雨，既可以缓解植被下方的径流速度和规模，还能够延缓产流时间，降低了林地土壤被侵蚀的时间，极大地减少了侵蚀量；其次，植被覆盖率高的地面通常有着较厚的落叶层，能够防止土壤表层被雨水直接溅击，有效地控制发生侵蚀的概率，增加了表层粗糙度，减缓径流速度，降低侵蚀产沙量。因此植被具有改良和保持土壤以及增加土壤抵抗侵蚀和冲击能力的作用（Williams and Berndt，1977；方学敏等，1998；焦菊英等，2003；韩鹏等，2003；贾莲莲，2010；于国强等，2010；程圣东，2016）。

汪有科（1994）借助了包括泾河、延河、北洛河在内的共计 18 条流域的信息数据展开研究，得出如下结论：森林覆盖率保持在 85% 以上时，可减少 90% 的泥沙；森林覆盖率保持在 95% 以上时，可减少 99% 以上的土壤侵蚀量。从年径流量来看，森林流域要显著低于农田流域和半农半牧流域。不论是在涵盖水源方面，还是在土壤流失防范方面，森林植被均有着显著的效果（张建军等，2008）。针对坡面来讲，植被覆盖面积越大，起到的侵蚀防治作用就越明显；覆盖面积越广，植被完整度越高，减少径流含沙量的能力就越高（李鹏等，2006）。由此可以认为，降雨再分配和改善坡面下垫面状态的活动显著地影响了产流过程（张志强等，2006）。此外，对比各种类型土地的径流量后发现，一般径流量最大的要属农业地类型（Nachtergaele et al.，2001）。另外部分研究指出，改善黄土丘陵沟壑土地类型对降雨和径流能够产生明显影响（Fu et al.，2000）。

增加植被覆盖面积能够拦截一定的降雨，而降雨的减少可以降低雨水侵蚀力度，可以借助直线函数或指数函数来反映土壤侵蚀与植被覆盖面积的关系（王光谦等，2020；刘晓燕，2016；胡春宏和张晓明，2019；刘国彬等，2017；Hu，2020）。很多研究也提到了植被的有效覆盖度观点，指出覆盖度必须满足某种数量之后，才能具备缓解和降低土壤侵蚀的能力（Li et al.，2002）。大量研究指出，在控制和防范土壤侵蚀中，枯枝落叶层是关键性因素（Wang et al.，1993）。土壤表面覆盖的落叶枯枝不仅可以遮盖土壤使其不被直接打击，还能减缓雨水的冲击力度，降低对土壤的剥离；同时还具备阻挡地表径流，降低流速、消减剥蚀力度，降低出现细沟和发生切沟侵蚀的可能。李勇（1995）在较早时期便剖析了植被根系对土壤侵蚀产生的影响。可以说植被从冠系到根系，全部有助于防范水土流失，只是有些部位所发挥的作用比较直接，有些部位发挥的是间接作用，也可以说是植被整体的垂直结构可以影响土壤侵蚀这一现象。植被类型不同，分层结构也会有所区别，各层展现的特征更是差异明显，因此在水土流失中发挥的影响也有区别。覆盖的植被能够显著地影响泥沙粒径的分布，特别是在强降水中表现更为显著。覆盖了植被的地方，侵蚀因子主要为雨滴；而未被覆盖的地方，不仅会受到雨滴的侵蚀，还会受到径流的侵蚀。Xu（2005）展开了黄土高原降雨–植被–侵蚀相互关系的研究，认为存在某一临界降雨量能够显著影响植被覆盖率与土壤侵蚀水平及其相互关系，为恢复植被和建设生态提供了有力的依据。

以全国不同地区不同坡面及各种植被类型为依据，制定的径流小区的数据显示，林草植被有较好的保持水土作用，通常能够降低 50% 以上的地表径流量和减少 90% 以上的土壤冲刷量。根据黄土高原的沙打旺草地、柠条成林、刺槐的长期观测发现，相比荒坡相，沙打旺草地、刺槐、柠条成林分别能够降低 77.9%、90.8% 和 91.1% 的径流量，作用极为显著（侯喜禄，1994）。然而，在植被建设过程中，也有诸多的阻碍如植被品种未能合理搭配，难以实现预期效果。一些研究指出，相比合理搭配的植被或自然恢复的植被，植被品种的不合理搭配无法使其保持水土的作用得到发挥，其作用不够显著。因此，在植被建设中，当务之急是如何合理地配置和布局林草（田均良等，2003；吴发启和刘秉正，

2003）。覆盖率相同的情况下，林草的不同布局会造成土壤侵蚀程度存在较大的差异。黄土高原有着辽阔的地域，但其资源严重匮乏，能够利用的土地面积很小，林草建设往往和经济建设存在用地矛盾。土地利用和林草模式的不合理，不仅无法保持水土，还会过度占用土地，抑制经济发展。另外，黄土高原属于半干旱区域，年降雨量平均只有200~600mm，同时各季节的雨量分布并不平衡；如果开展大面积的植被建设活动，以当地的供水情况来看，难以满足植被建设需求，从而产生矛盾。研究指出，当地很多人工培育的林地和草皮的土壤剖面显示，土壤大多都存在着水分陡降层即干化层，这是由于土壤中的水分被植被过度吸收形成的。虽然各种植被的土壤干化层存在差异，且能够在生长休眠期有所缓解和恢复。但是，长期反复出现的干化层也会对植被的根系发展和成长造成制约，从而使地面部分的植被生长也受影响，最终导致植被的生产力受到严重抑制，增加所在地区的生态压力。因此，有限的降水应当被最大化利用，这也是建设和恢复植被的关键问题。

在多年的工作中，人们积累了很多有价值的关于侵蚀产沙和植被配置的研究经验和成果（陈浩，2000；唐克丽，1991），证实了沟坡和坡面植被方案在防范坡沟侵蚀时，发挥的作用极大；而无规划的开垦和植被破坏等人类活动，加剧了坡沟土壤的侵蚀。一直以来，水土保持与植被的关系都是人类关注的焦点，大量研究者一致认为，加大植被面积是防治水土流失的最佳方案。各种植物类型所表现出来的治理水土流失的能力也有高低强弱之分，同时植被与荒地相间的布局，是导致水土流失的产流–汇流格局。恰当的植被布局能够留住土壤中的水分、植物种子及养分，能够促进植被的成长，从而增强和巩固控制水土流失的作用。因此，要想使水土流失得到控制，在植物的选择上要注意恰当的组合搭配，还要注意空间格局也要设计合理。另外林地和水土流失间的维系也会出现一定的变化，使其更加复杂，并形成了一个极其复杂的耦合机制。因此，要想实现对水土流失的控制，势必要从小范围到大范围，即从斑块、坡沟到流域甚至全球范围来剖析两者的相互作用形成。研究者认为大范围能够制约小范围，而小范围为大范围提供功能和机制（Wu，2000），所有范围均有一定的影响或制约。故而，应从上向下、从下向上反复地剖析植被影响土壤侵蚀机制，从中探寻两者真实的联系（徐宪立和马克明，2006）。但迄今为止，还未找出土壤侵蚀中植被配置作用机制的合理解释。原因之一是植被配置方式和转移泥沙的过程以及和坡沟产沙的联系、影响、治理等基础问题还要进一步确认，从而更好地反映植被在坡沟系统中起到的保持水土的功能。

唐克丽等围绕杏子河流域展开了考察，认为沟谷陡坡区域的开荒导致了大面积的植被破坏，加剧了当地的土壤侵蚀；并于子午岭林区建设了长期观测点，对土壤侵蚀在植被恢复期间的表现进行观测，指出沟谷植被除非是全部遭到破坏，否则其侵蚀强度不会高于坡面；同时证实了坡面的各个位置的侵蚀程度存在差异。陈世宝等（2002）、王允生和王英顺（1995）在对坡面的研究中指出，坡面侵蚀最严重的要属中上部，侵蚀程度最低的为顶部和底部，而下部的侵蚀水平居中。李勉等（2005）借助室内放水试验探寻在不同的空间配置和覆盖率情况下坡面侵蚀产沙活动和变化，从中发现：较小的水流情况下，覆盖率与产沙量成反比；即覆盖率越大，产沙量就会越少；按照产沙量的多少来排列不同配置的坡面草被，其顺序为坡下部<坡中部<坡上部；较大的水流情况下，各种覆盖率下的产沙量有

着极大的差异，不同配置的草被空间并没有明显的产沙量变化特点。坡沟位置的产沙比与坡面覆盖的草被成正比，覆盖度上升，产沙比也会表现出指数形式的上升，大流量水流下增加的幅度要比小流量下更快。从既往的一些研究结论来看，无论是产沙量还是径流量都会因植被面积的不同而出现复杂的变化。从取得的研究结论来看，就坡底位置的植被而言，植被率由80%下降到60%会导致减流量快速下降，植被率由20%下降到0会造成减水量的快速降低。该结论表明，减沙减流会在植被覆盖率快速下降的时候出现突变，这也标志着在计算重建设和恢复植被面积时会有一个最佳的临界覆盖率使植被覆盖率在较低的时候能够最大限度地发挥水土保持的作用。然而，植被的具体面积，还要综合考虑当地的降雨情况、坡度、土壤情况以及社会经济等。就径流泥沙的拦截而言，位于坡面下方的林木优势较大；就减流而言，下部植被所具备的减流能力是上部植被的2.4倍；就减沙而言，下部的植被所具备的减沙能力是上部植被的2.8倍。究其原因，坡底分布的植被既能够降低雨滴溅蚀，还能够拦截径流、过滤泥沙。坡顶分布的植被只能降低雨滴溅蚀、拦截坡顶的径流和泥沙，对于坡下产生的径流和泥沙则无能为力（游珍等，2005）。植被分布在坡面上的位置和其配置差异是造成差异化土壤侵蚀的重要原因。另外，围绕植被面积及其减流减沙作用的一些研究中指出，植被所具备的抵御土壤侵蚀的功能并不会因覆盖面积的变化而出现线性变化。卢金发和黄秀华（2003）经过研究指出，植被覆盖率低于30%时，就会造成流域产沙量激增，植被覆盖率达到70%后就会引起流域产沙量骤减，因此覆盖率有一个临界点。罗杰斯和舒姆（1992）的相关研究也指出了类似的观点：坡面植被覆盖率如果由43%下降至15%就会造成产沙量激增；植被覆盖率如果下降到15%以下则会发现产沙量的上涨幅度降低。因此，就坡沟系统侵蚀而言，植被配置方式和格局会对其径流拦截和泥沙过滤功能以及合理的土地利用产生一定影响（王光谦等，2020；刘晓燕，2016；胡春宏和张晓明，2019；刘国彬等，2017；Hu，2020）。

总之，围绕黄土高原开展的植被调控侵蚀产沙的研究，已经有了相当长的历史，在多年的不断努力中，人类已经积累了大量植被调控侵蚀产沙的研究成果，对该调控机理的认识具备了一定的系统性和深入性。然而，侵蚀产沙本身就是一项极其复杂的问题，受限于研究方法和测量工具及技术，在定量计算和识别坡沟泥沙的成因、植被空间配置的方式、坡面产沙的耦合因素、侵蚀产沙的阻碍机制等方面未能深入地进行系统的定量研究，使得坡沟侵蚀的研究受到制约。另外，围绕黄土高原地区，虽然已经广泛地对植被、降水量、侵蚀产沙作了大量研究，并广泛应用了人工投入稳定性较高的稀土元素示踪的方法（Zhang et al.，2003；Liu et al.，1995；Ventur，2001），但受限于观测资料的可靠性、长期性及复杂的相互影响因素，还未完成定量化（Seeger，2007；García-Ruiz et al.，2008；García-Ruiz，2010），因此加大了理解侵蚀特征、植被影响机制的难度（Allen and Joan，2004）。本书基于现有研究，深刻分析了坡沟系统侵蚀产沙特征以及植被调控作用，运用三维激光扫描技术，模拟降雨试验，结合侵蚀产沙来源及输移过程阐述，分析不同植被空间配置下的响应机制，阐述分析植被对坡沟系统水土流失的调控机理，对于小流域水土流失综合治理具有重要意义。

1.2.3　植被格局对水动力过程的影响研究进展

1. 径流流态研究

黄土高原地区表现出显著的干旱半干旱的特性，大量降水渗入地面土壤而形成坡面流并汇入河道。通常情况下坡面流的坡度较陡、水深较浅、流速较快、糙率较大，显著区别于均匀流的河道。通过分析径流水动力特征能够更为准确地洞悉输移泥沙的本质及侵蚀坡沟系统的特点。这些对于构建坡沟系统水土流失预报模型具有重要意义。近年来大量学者积极研究坡面流阻力、输沙、流速，逐渐明确了各水动力参数的关系（郑良勇，2002；李鹏等，2005；王光谦等，2020；刘晓燕，2016；刘国彬等，2017；胡春宏和张晓明，2019；Hu，2020）。

研究坡面流流态对于研究坡沟系统侵蚀产沙以及数学表达水动力参数等相关问题均具有重要意义。当前国内外学者高度重视研究径流流态并深入研究其特征及其变化规律。然而直到当前，众学者关于坡沟系统薄层水流流态属性问题的研究尚未形成统一，具体形成了如下划分方法：一是伪层流；二是扰动流；三是特殊水流；四是过渡流；五是混合流（吴普特和周佩华，1992；张科利，1999；姚文艺和汤立群，2001；张光辉，2002；肖培青和郑粉莉，2002；王文龙等，2003b；郑良勇等，2004；敬向锋等，2007，李毅和邵明安，2008）。吴普特和周佩华（1992）认为坡面糙率、降雨雨滴打击均会影响坡面流，这些均可归属为层流，即"搅动层流"坡面流。姚文艺和汤立群（2001）将坡面流细分为如下三种状态：紊流、过渡流和层流。他们认为层流在降雨期间所形成的为"伪层流"，水流整体为层流状态。Dunkerley 等（2001）基于层流状态重点剖析了平均流速的问题及其测量方法，指出只有明确紊流和层流流态才能够正确地完成旱地坡面流的模拟。李勉等（2005）采用试验法，即冲刷试验基于径流流态验证分析了系统中草带覆盖所可能形成的影响，认为两者具有显著关联性，相较于有草时径流雷诺数在无草坡段时可高出 2～3 倍；与此同时其指出放水流量也是一个重要的影响因素，就对径流流态的影响程度来看，小流量时的草带对其造成的影响要显著大于大流量时草带所带来的影响。

虽说众学者在研究坡面流流态方面已经形成了较为丰富的成果，但是不可否认的是这些研究在描述径流流态方面均是基于整体层面，且以径流平均流速参数为依据考虑的。事实上，实际的坡沟系统侵蚀过程具有动态、变化的特点，换言之即随着空间位置变化、时间延长，其侵蚀的方式、形态等各方面均会发生一定变化，径流流态也会形成时空方面的差异性。因此，不能仅从宏观层面来分析坡沟系统径流流态，而是应在时空层面进行详细的探索与研究。

2. 径流流速研究

国内外学者早在 20 世纪 30 年代就已经开始深刻研究与径流流速有关的问题，并取得了较为丰富的研究成果。Foster 等（1984）的研究结果表明，降雨并不会显著影响细沟径流的平均流速；在细沟流量一样的情况下仍有可能存在较大差异的水流水力学特性。Gilley（1990）采用模拟降雨试验构建了无植被缓坡回归方程，测算细沟水力学特性。在测算径流流速经验方面,国内外学者分别采取不同的参考变量如单宽流量、坡度、水深及坡度,也有学者基于坡长、径流强度、坡度等进行解析说明。江忠善和宋文经(1988)全面剖析国内外与坡面流态有关的研究成果后,构建了统一形式的坡面流流速概化公式,但是该概化公式仅可表征整个坡面的径流平均速度,而无法说明坡面流流速的时空变化特征,也就是说,该公式仅能说明土壤侵蚀及其水动力的基本情况、特征,而无法说明径流侵蚀过程的时空差异性。

3. 径流阻力研究

径流在流动过程中会受到各种阻力的影响,阻力是个非常关键的要素。降雨后在坡面和沟道范围内所形成的薄层水流的水深较小,受降雨、地表粗糙度的影响十分明显。另外,径流在流动过程中会发生入渗和降雨补给,径流阻力问题则显得非常复杂。以往的研究在涉及径流阻力时,大多往往将径流进行了简化处理,均借用明渠流及河流水力学中的阻力概念及表达方法来求得径流阻力,即采用曼宁系数来表示径流阻力特征。目前针对径流阻力的研究主要采用室内外模拟试验的方法来进行计算。室内试验采用人工降雨来替代天然降雨,用水槽来模拟坡沟系统。野外试验则选用自然土坡或试验小区,用天然降雨或人工模拟降雨进行观测。国内外有很多学者也取得了一定成果,其中较具代表性的有 Song(1998)、Abrahams 等(1994,1996)、Abrahams 和 Li(1998)、Lawrence(2000)、Foster等(1984)、吴普特和周佩华(1992)、Savat(1980)等。Abrahams 等(1994,1996)、Abrahams 和 Li(1998)通过研究指出,从阻力系数的层面分析砾石覆盖率是一个非常重要的影响因素,其影响程度可达到 50%以上。张科利(1998)认为在各要素侵蚀坡沟系统时,地表形态及其特殊的地表形态、水流条件等都会形成显著的影响,坡度决定阻力系数。姚文艺(1996)研究表明,地表粗糙度、层流区、紊流光滑区等各要素均有可能影响径流阻力,换言之即对径流阻力会形成一定影响。曹颖等(2010)利用覆盖率、流量和坡度均较大的变坡水槽实验,剖析了径流阻力与各要素间的函数关系,在此基础上引入了Darcy-Weisbach 阻力系数来表征水流运动中的阻力大小,结果表明,径流阻力系数随着砾石覆盖率的增大而表现出显著的幂指数增加趋势;径流雷诺数与径流阻力之间表现出显著的负相关关系。Abrahams 等(1994)认为在有灌木丛覆盖时径流阻力同雷诺数呈负相关,而在有草被覆盖的山坡上径流阻力同雷诺数呈正相关。Bunte 和 Poesen(1994)指出坡面的产沙量、流水特性与多方面的因素有关而石块粒径无疑是其中最为重要的影响因素。梅欣佩(2004)对雨滴打击强度与径流阻力的关系开展了研究,试验结果表明土槽径流阻力系数随雨滴打击强度的增加而减小,而水槽的径流阻力系数随雨滴打击强度的增加而增大。因此,关于径流阻力时空分布特征的研究还有待进一步加强。

1.2.4 侵蚀产沙与地貌形态特征关系研究进展

黄土地貌的定量化研究随着计量地理学的发展而发展。特别是 20 世纪 50 年代以来出现了研究热潮。这一时期学者提出不同的地形地貌指标对流域形态发育及侵蚀规律进行刻画,为黄土高原地貌空间差异特征的研究提供了理论依据。然而,由于试验数据的匮乏,测试技术不够完善,不能全面准确获取地貌形态因子,极大地限制了黄土高原地貌空间差异性研究。近十几年来，随着数字高程模型（DEM）的日益丰富，数字地形理论与分析方法的不断进步，流域数字地形分析逐渐成为黄土地貌研究的热点。目前，数字高程模型已成为常规地形因子提取的基本数据源，实现各种地形因子快速高效的提取。具体而言基础数据源主要可分为如下几类：一是三维激光扫描测量（凌峰等，2006；闫业超等，2008；赵军和韩鹏，2001）；二是航天地形测量；三是数码摄影测量（李志林和朱庆，2001；Huang and Bradford，1992）。

通过提取 DEM 地形因子，能够较为便捷地、敏锐地获取各类地貌因子。常用于表征流域地貌形态特征的地貌形态参数包括地势比、坡长、流域面积、坡度、相对高差、沟壑密度、形态系数等。在上述各类形态参数中，相对高差、流域面积、坡长、坡度最能说明流域侵蚀产沙关系。蔡清华（2009）基于陕北地区 1:5 万 DEM 数据源，结合数字地形分析、数理统计等方法，系统分析了诸多影响黄土地貌的因子，并筛选出纹理信息熵、深切度、割裂度、沟壑密度、平均平面曲率等核心因子，最后结合因子分析法阐释了引起黄土地貌形态差异的因素。

崔灵周等（2006，2007）结合地理信息系统（GIS）技术，采用室内模拟降雨全面剖析了地貌形态与侵蚀产沙之间客观存在的耦合关系，研究结果指出：流域尺度侵蚀产沙主要可分为初始阶段、活跃阶段、稳定阶段，且各个阶段的输沙率变化、地貌形态分形信息维数均基本表现出先大后小而后逐渐趋于稳定的特点。

总体来说，大多数学者仅选取坡度、坡长地貌指标，尚不能全面、准确地刻画整个流域或者坡沟系统下垫面的地貌形态。很少有研究者将综合因子，如分形信息维数指标作为流域或坡沟系统下垫面地貌形态的表征，应用于坡沟系统或流域尺度的土壤侵蚀预测模型之中（Veneziano and Jeffrey，2000；Wijdenes et al.，2000；Lam et al.，2002；Liu and Xu，2002；Huang，2006），用来描述地貌形态与侵蚀产沙的耦合关系。另外，仅以产沙量这一单一指标来表征流域和坡沟系统的侵蚀产沙的最终结果，而没有考虑地貌形态变化与侵蚀产沙的密切关系，往往导致忽略了侵蚀产沙过程和内在特征，因此所得结论具有一定局限性。

坡沟系统尺度下垫面地貌形态通常采用地表微地貌表征的特点进行刻画。一般来说，下垫面的物理性指标可用微地貌地表糙度进行表征，此外阻力特征值也可用于表征下垫面的物理性指标（吕悦来和李广毅，1992）。当然各个学科往往会基于不同的层面解读该定义。例如，在水力侵蚀层面，该指标可以说明在梯度比降较大情况下地面的起伏及凹凸不平的情况（吴发启等，1998，2001），因此可将地表糙度理解为垂直高度及水平方向的距离。这里假设参照物为某一坡度光滑坡面，因为坡度地表糙度的变化既有体积大小的变化，又有形状的改变，因而可能在不同时间段会表现出不同的特点，即出现"正地形"或者"负地形"。当然，就整个水力侵蚀过程而言，此种变化与各方面的因素特别是糙度、坡度、径流、降雨、土壤等有关。李振山和陈广庭（1997）基于定量化地面粗糙度的研究需要，将地面粗糙度划分为沙质粗糙度、动力粗糙度、植被粗糙度、有效粗糙度和复杂的地面粗糙度五部分。吴发启等（1998，2001）基于野外观测以及室内试验等方法明确了地表糙度与力学糙率是两个完全不同的概念，同时指出两者表现出显著的正相关关系。吴发启等的观点得到了沈冰等的证实，同时其提出用有效糙率表征地表糙度，以实现细分两个参数的目的。Romkens 等（2001）认为，地表糙度可细分为地貌（流域）级糙度、有向糙度、随机糙度、微地貌糙度四类，同时指出后三者均与土壤侵蚀具有紧密的联系。

众学者主要将坡沟系统侵蚀与地表微地貌之间客观存在的相互关系作为研究地表微地貌的重点。毋庸置疑，土壤侵蚀受各要素的影响，而地表糙度无疑是最为主要的影响因子之一，也正是因为这样学术界普遍确定以此作为主要研究视点。特别是在确定土壤流失以及地表径流等方面，非常有必要深入研究地表微地貌。可以说该指标不仅可作为表征物理性状、地貌形态以及水力学、水文学的特征指标，同时还与下面各要素有很大的关系：一是入渗过程；二是径流渗透速率；三是地表径流过程；四是风蚀过程中的拦截、跃迁土壤颗粒以及蓄水量等（Zhao et al., 2014）。

诸多研究均已经证实了坡沟系统受各要素的影响，而地表糙度无疑是其中最为主要的因素（Renard, 1983），所以国内外学者高度重视这方面的研究。Rose 等（1983a）认为单位面积的径流，除与降雨强度、地面入渗率有关外，还取决于地块的坡度、长度、粗糙度以及水流本身的流态（Romkens et al., 2001）。吴发启等（1998, 2001）在总结前人研究的基础上，考虑到地表微地貌指标应反映出地表糙度伴随土壤侵蚀程度的变化，且便于在实际生产中应用，通过大量的室内外模拟降雨试验和糙度值的测量分析，将地表糙度定义为：在一定质地，一定坡度下土壤的坡耕地，在团聚体大小或地表土块、作物种植、径流冲刷、雨滴击溅和管理措施等自然条件与人类活动影响下，地表呈现微小尺度上凹凸不平的状况。它是土壤耕作或压实，土壤侵蚀或泥沙沉积，地表凹陷或雨滴击溅及径流侵蚀搬运等因素共同作用的结果（Rose et al., 1983b）。

同时，地表微地貌反过来也受降雨强度、地表径流、地面入渗、风、冻融、土壤类型、土壤团聚状况、耕作方式、耕作深度等诸多因素的影响（Ali, 1993），但是这些方面的研究目前尚未形成统一的研究结论。降雨对地表糙度的影响方面：降雨的打击作用使地表的土粒破碎。因此，降雨一般使地表随机糙度值减小。

Onstad 等（1984）研究指出地表不同是引起糙度值差异的根本性原因，而降雨击溅和径流侧向流的共同作用可以改变耕地的地表状况。地表糙度受土壤性质方面的影响，具体体现在土壤质地、容重以及含水量、团聚体特征等各个方面。Lehrsch 等（1991）认为土壤的含水量会直接、间接地影响地表糙度，其间接影响方式主要体现在下渗方面。在研究地表糙度受机具、耕作方式的影响方面，耕作是造成地表糙度变化的主要因素，与此同时所选择的机具类型以及耕作方式等均会很大程度影响地表的高低平缓。

Romkens 等（2001）研究了凿式犁单耕、凿式犁+圆盘耙复耕、凿式犁+圆盘耙+圆钉耙复耕对地表粗糙度的影响，结果证实，随着复耕次数的增加，地表糙度减小；凿式犁单耕产生的粗糙度最大，而凿式犁+圆盘耙+圆钉耙复耕的最小。综合上述分析结果，国内学者在地表微地貌的影响因子研究方面主要侧重于如下方面的研究：一是土壤性质；二是降雨因子；三是物种类；四是耕作方式。总体上说，国内外学者在这些方面都取得了较为丰富的成果，但是尚有很多地方存在较大的分歧，比如研究糙度与土壤容重的关系。特别是尚未开展有关泥沙输移过程中地表糙度变化方面的研究。

虽说当前水土保持界已经充分意识到了地表糙度的重要性，但是直到当前尚未有一种较为理想的方法可用于计算、测量地表微地貌。当前常见的方法主要有测针法（Kruipers，1957）、杆尺法（Brough and Jarrett，1992）、链条法（Ali，1993）、扫描法（Burwell and Larson，1969；Flanagan et al.，1995）。但是上述研究方法普遍存在较大的缺陷，比如未能准确、全面地说明地表微地貌的指标，其测试精度、测试原理受限等。随着数据处理技术以及测试技术的发展，将来一定会形成更多、更好的研究方法。本书为了数字化微地貌主要运用 Trimble FX scanner，在此基础上运用自带的扫描软件提取处理数字化的空间点云数据。

总体来说，地表微地貌（地表糙度）的概念虽然早已提出，也作了一定的研究，但由于对黄土侵蚀机理的探究仍存在一定瓶颈，地表微地貌指标的选取、定量化表达与测试技术水平方面还处于摸索阶段，关于地表微地貌形态的研究还不够深入。同时，大多数学者更多关注的是地表微地貌对侵蚀产沙过程、径流入渗过程等影响与作用机理的研究；少数学者研究坡沟系统在降雨或冲刷条件下，侵蚀产沙过程对地表微地貌的影响作用机制，即关于细沟侵蚀发育过程的研究。甚至更少有研究关注不同植被的空间配置方式对侵蚀产沙过程中地表微地貌和细沟侵蚀发育的作用机理。另外，在坡沟系统水土保持规划实际操作中，人们还是主要依据坡度、坡长等因子来确定各种措施的布设与配置，这样就难免造成各种资源或多或少的浪费。因此，本研究有益于人们对水蚀机理的深入认识和解决水土保持资源合理利用等问题（郑子成，2002）。

1.3　研 究 目 的

本书以地貌形态中较为简单的单元坡沟系统为研究对象，采用室内上方来水径流冲刷试验，探究不同植被空间配置方式下坡沟系统径流侵蚀产沙特征与水动力参数的动态变化过程，阐明坡沟系统径流侵蚀产沙过程和水动力过程对植被配置方式差异的响应机制，以期为揭示径流冲刷条件下坡沟系统植被空间配置对侵蚀输沙及水动力过程的作用机理和坡沟系统侵蚀产沙预测模型的建立提供理论依据和技术支持。

采用室内模拟间歇性降雨试验，研究不同植被空间配置方式下坡沟系统径流侵蚀产沙、径流量以及径流流速的动态变化特征，探讨各个植被格局条件下侵蚀产沙过程特征，阐明不同植被空间配置方式下坡沟系统侵蚀产沙来源的变化规律，辨析不同植被格局条件下的水土保持功效、调控范围的差异以及动力调控途径，揭示植被空间配置方式对坡沟系统侵蚀过程与侵蚀方式的调控机制。探讨不同植被格局对坡沟系统的侵蚀、剥离、沉积和输沙过程的作用机制，揭示不同植被空间配置对坡沟系统泥沙来源变化的作用机制，提出并确定低覆盖度下调控坡沟系统侵蚀的植被优化配置格局。同时以黄土高原丘陵沟壑区第一副区内典型小流域为研究对象，阐明黄土高原丘陵沟壑区临界地貌侵蚀产沙特征，建立流域尺度次降雨临界地貌侵蚀产沙预测模型，以期揭示不同地貌形态调控流域侵蚀产沙作用机理。对于深化研究植被水土保持作用调控机理及效益具有重要意义，为地形地貌与侵蚀产沙的作用机制研究奠定理论基础，为黄土高原流域土壤侵蚀预报模型提供理论基础，为小流域综合治理和措施优化配置提供科学依据。

1.4 研 究 内 容

1.4.1 不同植被格局下坡沟系统水蚀动力变化过程研究

以单元坡沟系统为研究对象，以坡沟系统概化物理模型为载体，采用室内径流冲刷试验，探讨不同植被格局条件下坡沟系统侵蚀输沙特征与水动力参数的动态变化过程，阐明坡沟系统径流侵蚀产沙过程特征和水动力过程对植被空间配置方式差异的响应机制，揭示径流冲刷条件下坡沟系统植被空间配置对侵蚀输沙及水动力过程的作用机理，为坡沟系统侵蚀产沙预测模型的建立提供理论依据和技术支持。

1.4.2 植被格局对坡沟系统侵蚀产沙调控作用试验研究

以单元坡沟系统为研究对象，采用室内模拟间歇性降雨试验，分析不同植被格局条件下坡沟系统侵蚀产沙、径流量以及径流流速的动态变化特征，阐明坡沟系统径流侵蚀产沙和水动力参数的演变特征以及径流、侵蚀产沙和径流流速的动态变化特征及其差异性，揭示不同植被空间配置对细沟侵蚀发生、发展过程的调控作用机制，为阐明植被调控坡沟系统细沟侵蚀发育的作用机制提供理论依据和技术支持。

1.4.3 不同植被格局下坡沟系统泥沙来源变化研究

在降雨试验的基础上，采用三维激光扫描技术结合微地貌分析技术，比较分析降雨前后下垫面微地貌形态的空间差异，辨析坡沟系统不同部位土壤侵蚀−输移−沉积的变化过程，定量研究不同植被空间配置方式对坡沟系统侵蚀输沙过程的影响，探讨不同植被配置方式下侵蚀输沙过程特征，阐明了不同植被空间配置方式下坡沟系统侵蚀产沙来源的变化规律，以及不同植被空间配置方式下坡面与沟道侵蚀产沙的空间差异，揭示植被空间配置方式对坡沟系统泥沙来源变化的作用机制。

1.4.4 坡沟系统中植被配置的侵蚀动力学作用机制及其优化配置

在上述研究的基础上，对不同植被空间配置方式下的泥沙来源进行进一步的深入辨析，辨析不同植被配置方式下的水土保持功效，水沙调控效率、方式、调控范围以及动力调控途径的差异，提出并确定低覆盖度下调控坡沟系统侵蚀的植被优化配置格局，揭示植被空间配置对坡沟系统侵蚀过程与侵蚀方式的调控机制，为黄土高原坡沟系统及其小流域的植被优化配置提供技术参考和理论支撑。

1.4.5　黄土高原丘陵沟壑区临界地貌侵蚀产沙特征

从大尺度角度入手，选取黄土高原丘陵沟壑区第一副区内典型小流域岔巴沟流域为研究对象，建立流域尺度的侵蚀产沙神经网络预测模型。定量评价流域侵蚀过程对影响因子的敏感性，确定综合因素对流域侵蚀产沙内在特征的影响程度。验证流域临界地貌侵蚀产沙现象的真实性。阐明黄土高原丘陵沟壑区临界地貌侵蚀产沙特征，建立并验证流域尺度次降雨临界地貌侵蚀产沙分段预测模型。揭示不同地貌形态对黄土高原丘陵沟壑区小流域侵蚀产沙的影响方式和调控机理。

1.5　研究方法与技术路线

本书应用泥沙运动力学、土壤学、水动力学、土壤侵蚀学、生态学和地貌学等学科相关理论，以黄土高原单元坡沟系统为研究对象，开展植被格局对坡沟系统水蚀动力过程和侵蚀输沙过程的调控作用机理研究。

以单元坡沟系统为研究对象，建立坡沟系统概化物理模型，以室内径流冲刷试验为主要研究手段，设计低覆盖率条件下的植被空间配置方式，观测不同植被格局条件下试验系统的水动力参数的动态变化特征，探讨不同植被格局条件下坡沟系统侵蚀输沙特征与水动力参数的动态变化过程，阐明坡沟系统径流侵蚀产沙过程特征和水动力过程对植被空间配置方式的差异响应机制，揭示径流冲刷条件下坡沟系统植被空间配置对侵蚀输沙及水动力过程的作用机理。

同样，以单元坡沟系统为研究对象，以坡沟系统概化的物理模型为试验载体，以室内模拟降雨试验为主要研究手段，设计低覆盖率条件下的植被格局，同时采用先进的三维激光扫描技术和微地貌分析技术对比分析试验前后 DEM 空间差异性，定量刻画不同植被格局条件下坡沟系统侵蚀产沙、径流量以及径流流速的动态变化特征，阐明坡沟系统径流侵蚀产沙和水动力参数的演变特征，以及径流、侵蚀产沙和径流流速的动态变化特征及其差异性，揭示不同植被空间配置对细沟侵蚀发生、发展过程的调控作用机制。通过 DEM 空间分析，辨析坡沟系统中不同部位土壤侵蚀、输移、沉积的动态变化过程，探讨不同植被配置方式下侵蚀输沙过程特征，揭示植被不同配置空间方式对坡沟系统侵蚀、剥离、沉积和输沙过程中的作用机制。阐明不同植被空间配置方式下坡沟系统侵蚀产沙来源的变化规律，以及不同植被空间配置方式下坡面与沟道侵蚀产沙的空间差异，揭示植被空间配置方式对坡沟系统泥沙来源变化的作用机制。通过不同植被格局条件下的泥沙来源的进一步分析，阐明不同植被空间配置方式下的水土保持功效，水沙调控效率、方式、调控范围的差异以及动力调控途径，提出并确定低覆盖度调控坡沟系统侵蚀的植被优化配置格局，揭示植被配置对坡沟系统径流侵蚀产沙的调控作用机理。

在流域尺度上，以黄土高原丘陵沟壑区第一副区内典型小流域岔巴沟流域为研究对象，采用 BP 神经网络技术并且结合流域次降雨侵蚀产沙特征，建立流域尺度的侵蚀产沙神经网络预测模型。研究不同流域地貌形态条件下侵蚀产沙与分形信息维数、径流深、径流侵蚀功率的关系。通过缺失因子检验方法定量评价流域侵蚀过程对影响因子的敏感性，确定综合因素对流域侵蚀产沙内在特征的影响程度，验证流域临界地貌侵蚀产沙现象的真实存在。在此基础上，以流域临界地貌作为边界，结合确定的敏感因子与分形信息维数，建立并验证流域尺度次降雨临界地貌侵蚀产沙分段预测模型；阐明黄土高原丘陵沟壑区临界地貌侵蚀产沙特征，揭示流域不同地貌形态对流域侵蚀产沙的影响方式和调控机理。

本书对于深化研究植被水土保持作用调控机理及效益具有重要意义，为地貌形态与侵蚀产沙的作用机制研究奠定理论基础。为黄土高原流域土壤侵蚀预报模型提供理论基础，为小流域综合治理和措施优化配置提供科学依据。

本书主要技术路线见图1-1。

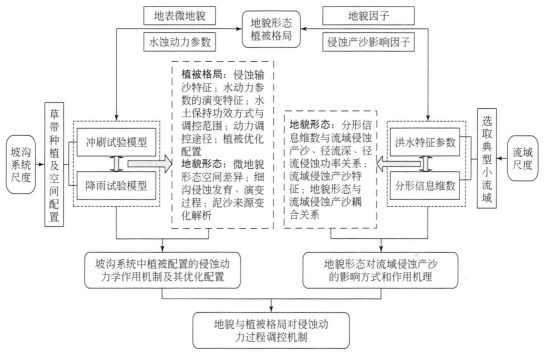

图 1-1 技术路线

1.6 拟解决的关键问题

长期以来，如何实现对侵蚀产沙过程包括分散、剥离、输移和沉积过程等的连续观测是制约土壤侵蚀研究走向深入的一个重要原因，在坡沟系统植被空间配置对侵蚀输沙作用机制试验研究中，拟解决的关键问题主要如下。

1）坡沟试验系统水沙运动过程的连续观测

解决方案：采用实验室自行开发的坡面水流自动观测仪实现对坡沟系统径流水动力要素的连续观测。

2）植被配置方式对坡沟侵蚀输沙过程的影响

解决方案：室内试验采用的不同植被格局是通过野外挖掘和移植的方式，实现不同植被格局的试验设计。同时采用三维激光扫描技术，快速构建多期（试验前后）下垫面地表微地貌 DEM，通过计算对比，快速有效辨识坡沟侵蚀泥沙来源。通过分析不同植被配置方式下的泥沙来源，阐明侵蚀产沙部位的变化及其对坡沟系统水沙过程的调控作用，可以揭示植被空间配置方式对坡沟系统侵蚀产沙的调控机理。

1.7　主要创新点

本书以地貌形态中较为简单的单元坡沟系统为研究对象，利用模拟试验、定位观测和三维激光扫描技术方法，结合微地貌分析技术，将坡沟系统作为整体，通过观测不同植被格局条件下，坡沟系统径流侵蚀产沙的动力变化特征，辨析坡沟系统内剥蚀、输移、沉积的时空分布特征，揭示植被及其空间配置方式对坡沟侵蚀产沙、输移的影响机制。此外，以黄土高原丘陵沟壑区第一副区内典型小流域为研究对象，结合流域次降雨侵蚀产沙特征，确定综合因素对流域侵蚀产沙内在特征的影响程度，验证流域临界地貌侵蚀产沙现象的真实存在。建立并验证流域尺度次降雨临界地貌侵蚀产沙分段预测模型；阐明黄土高原丘陵沟壑区不同地貌形态的侵蚀产沙特征，揭示地貌形态对流域侵蚀产沙的调控方式和作用机理。

本书的特色之处在于：在侵蚀动力学基础上，结合径流侵蚀能量理论，辨识坡面治理条件下不同植被格局的水沙调控效率、范围以及动力调控途径的差异。

本书的创新点主要集中在以下三个方面：

（1）辨识不同植被空间配置方式下坡沟系统侵蚀产沙来源的变化特征。

（2）揭示植被空间配置方式的水土保持功效，水沙调控效率、方式、调控范围、动力调控途径，以及对细沟侵蚀发育过程调控机制。

（3）阐明临界地貌形态对黄土高原丘陵沟壑区小流域侵蚀产沙的影响方式和作用机理。

1.8　主要成果

土壤侵蚀已经成为当今全球的主要环境问题，是土地生产力消减的主要原因之一。我国是世界范围内土壤侵蚀最为严重的国家，关于水蚀动力过程及其侵蚀输沙过程的研究是理解坡沟系统侵蚀产沙机制，建立水土流失预报模型的基础，也是预测生态环境发展趋势和制定生态治理措施的难点和关键。植被措施在水土流失治理中具有重要作用，尤其在干旱半干旱的黄土高原地区，合理布局有限植被，实现水土流失有效调控，是一项涉及土壤侵蚀过程调控、土地生产力恢复以及有限水资源合理再分配的复杂议题，具有显著的社会、生态和经济效益。

本书通过室内径流冲刷以及间歇性降雨模型试验，以土壤侵蚀为理论基础，探讨了有限植被覆盖条件下，径流冲刷条件下，坡沟系统植被空间配置对侵蚀输沙及水蚀动力过程的作用机理。辨析不同植被配置方式下的水土保持功效、水沙调控效率以及水动力调控途径的差异,阐明了不同植被空间配置方式下坡沟系统侵蚀产沙来源的变化特征,揭示了植被空间配置对坡沟系统侵蚀过程与侵蚀方式的调控机制。同时,以黄土高原丘陵沟壑区第一副区内典型小流域岔巴沟为研究对象,阐明黄土高原丘陵沟壑区临界地貌侵蚀产沙特征,建立流域尺度次降雨临界地貌侵蚀产沙分段预测模型,揭示地貌形态对流域侵蚀产沙的作用机理。为水土保持林草措施以及水土保持工程措施的优化配置和开展提供有益参考,为推动不同空间尺度的侵蚀产沙时空规律研究的深入发展以及水土流失综合治理提供科学依据。主要结论如下。

(1) 冲刷条件下,种植于坡面下部 80% 位置的草带对各水动力参数的影响最大,使径流流速降低 22%,径流阻力增加了 4 倍之多,径流剪切力和径流功率分别降低 90% 和 92%,侵蚀均处于最低水平,使得蓄水效益不足 12%,减沙效益达 69%,能够较好地发挥直接拦沙的水土保持功效。不同植被空间配置下的径流量和产沙量均表现出随着草带距坡顶位置距离的逐渐增加,呈现出先增加后减少的趋势,这与各水动力参数的变化特征基本一致。说明植被通过调控水蚀动力过程实现了对径流和侵蚀产沙的调控作用。在此调控过程中,植被的空间配置方式改变了各个水动力参数的时间、空间的变化特征,从而对水蚀动力过程起到了极大的调控作用。合理的植被空间配置,能够有效地减缓坡沟系统径流流速,降低径流冲刷对表层土壤的分离能力,减少径流功率,有效降低径流顺坡流动的潜在能量,最大限度地减少侵蚀产沙量。

(2) 一些植被空间配置方式能够在 $p<0.05$ 水平上显著影响坡沟系统的径流量和产沙量。植被布设于坡面下部要比在坡面上部具有更好的水沙调控作用,但将植被种植于坡面最底部并不会显著提升植被的蓄水减沙效益。当草带布设于坡面下部 60% 位置处时,有效地抑制了坡沟系统中径流加速空间和泥沙侵蚀空间内的径流加速与泥沙侵蚀,能够使径流量减少 7.35%,泥沙量减少 62.93%,径流平均流速降低 46%,导致径流剥蚀率大幅度减小,此时直接拦沙功效优于蓄水减沙功效,水土保持功效达到最优。

(3) 降雨条件下,不同植被空间配置方式下,坡面与沟道的侵蚀产沙比例发生了一定程度的改变,基本以沟道侵蚀产沙为主。坡面与沟道的侵蚀产沙比例的变化反映出植被空间配置方式的调控范围与作用强度的变化。裸坡的沟道中部至下部是坡沟系统侵蚀产沙的主要来源部位,此区域侵蚀最为严重。植被布设于坡面下部和中下部条件下,整个沟道或沟道中部、中下部成为坡沟系统侵蚀产沙的主要来源部位,侵蚀发育程度已有所缓解。随着草带布设位置逐渐向坡面中部、坡面中上部移动时,提供了更多的径流加速空间与泥沙侵蚀空间,空间范围已经超过侵蚀临界值,侵蚀产沙的主要来源部位也随之逐渐向上移动,从沟道下部一直延伸至坡面中部,侵蚀范围逐渐扩大,导致侵蚀加剧,侵蚀产沙量达到试验范围内峰值。

(4) 在侵蚀动力影响因素中,径流流速(径流剪切力)和径流含沙量(径流携运泥沙能力)共同作用于坡沟系统土壤侵蚀产沙过程。径流流速在整个坡沟系统侵蚀输沙过程中占主导作用。植被的空间配置依靠对径流流速和径流含沙量影响因素的调节作用,控制着坡沟系统的细沟形成、发展和强度,尤其是对沟道范围内细沟侵蚀的调控作用更为显著。同时植被配置方式对细沟侵蚀的调控作用不但改变了细沟侵蚀的发生位置和发育程度,更重要的是改变了侵蚀方式,已经有部分细沟侵蚀开始向面蚀(片蚀)发生了转变,从而实现了植被对坡沟系统侵蚀输沙过程的调控。

（5）从水沙关系的角度考虑，不同植被格局的草带布设相比蓄水减沙的水土保持功效而言更具有直接拦沙的水土保持功效。从水蚀动力的角度考虑，草带对其坡面上方来水来沙和下方径流产沙的水蚀动力过程和侵蚀产沙过程分别发挥出缓流拦沙和滞流消能的水土保持功效，这两种水土保持功效调控侵蚀的作用范围和作用强度，与草带布设位置密切相关。草带位于坡面中下部时，同时具备了较好的缓流拦沙和滞流消能的双重水土保持功效。依靠缓流拦沙的水土保持功效有效调控草带以上坡面范围内的侵蚀产沙过程，可以有效减缓坡面范围内的侵蚀强度；同时依靠滞流消能的水土保持功效能够有效地抑制和减缓沟道范围内径流流速和"洪峰流量"的快速增长和发展，有效地削弱了径流的侵蚀能量，起到了较好的滞流消能的水土保持功效。

（6）植被在坡沟系统中的相对位置指标与侵蚀产沙量之间满足二次幂函数关系。草带上边缘距坡顶的距离与草带下边缘距沟道底部的距离之比在 0.571 ~ 1.200 之间，或草带中心距离坡顶和沟道底部距离之比在 0.625 ~ 1.167 之间，为植被调控侵蚀最优布设区域，即最佳的植被空间配置方式。在此区域内布设植被，能够有效地发挥缓流拦沙和滞洪消能的双重水土保持功效。而远离该区域布设植被，不能充分发挥植被调控侵蚀的作用，侵蚀产沙处于较高水平。

（7）流域下垫面地貌形态千差万别，导致流域的侵蚀产沙特征具有不确定性和空间差异性。径流侵蚀功率和径流深对流域侵蚀产沙的影响程度与地貌形态的复杂程度密切相关。当流域地貌形态简单时，侵蚀模数对径流深影响因素更为敏感；相反，当流域地貌形态复杂时，侵蚀模数对径流侵蚀功率影响因素更为敏感。使用分形信息维数来综合反映流域地貌形态特征，提出侵蚀产沙地貌临界阈值。以流域临界地貌（分形信息维数）作为边界，分段引入所对应的敏感因子作为变量，建立基于流域临界地貌的次降雨侵蚀产沙分段预测模型。该侵蚀产沙分段预测模型具有较好的预测能力和较高的预测精度，能够反映不同地貌形态下的侵蚀输沙特征。

（8）不同地貌形态对流域侵蚀产沙的影响方式和作用机理不同，表现为侵蚀输沙过程以及水文响应特征与地貌形态紧密程度不同，甚至发生了本质的改变，产生了黄土高原流域侵蚀产沙的临界地貌现象。流域地貌形态较为简单时，水力侵蚀程度轻微，更易于发生面蚀（片蚀），侵蚀输沙过程主要受降雨侵蚀作用，流域侵蚀产沙特征主要体现为降雨侵蚀特性。当流域地貌超过临界值时，地貌形态较为复杂，水力侵蚀程度严重，更易于发生细沟侵蚀和沟蚀，降雨侵蚀和输送泥沙共同作用于侵蚀产沙过程，流域侵蚀产沙特征表现出降雨侵蚀和洪水输沙的双重特征。

参 考 文 献

蔡强国.1989.坡长在坡面侵蚀产沙过程中的作用.泥沙研究，（4）：52-56.

蔡强国.1995.黄土坡耕地上坡长对径流侵蚀产沙过程的影响.水土流失规律与坡地改良利用.北京：中国环境科学出版社.

蔡强国.1996.黄土丘陵沟壑区典型小流域侵蚀产沙过程模型.地理学报，51（2）：108-116.

蔡强国.1998.坡长对坡耕地侵蚀产沙过程的影响.云南地理环境研究，10（1）：24-43.

蔡强国，吴淑安，马绍嘉，等.1996.花岗岩发育红壤坡地侵蚀产沙规律实验研究.泥沙研究，（1）：

89-96.

蔡强国, 王贵平, 陈永宗. 1998. 黄土高原小流域侵蚀产沙过程与模拟. 北京: 科学出版社.

蔡强国, 刘纪根, 刘前进. 2004. 岔巴沟流域次暴雨产沙统计模型. 地理研究, 23 (4): 433-439.

蔡清华. 2009. 区域侵蚀地形因子的尺度效应研究. 西安: 西北大学.

曹颖, 张光辉, 唐科明, 等. 2010. 地表模拟覆盖率对坡面流阻力的影响. 水土保持学报, 24 (4): 86-89.

陈浩. 1992. 降雨特征和上坡来水对产沙的综合影响. 水土保持学报, 6 (2): 17-23.

陈浩. 2000. 黄土丘陵沟壑区流域系统侵蚀与产沙关系. 地理学报, 55 (3): 354-363.

陈世宝, 华珞, 何忠俊, 等. 2002. 黄土高原陡坡耕地土壤侵蚀对土壤性质的影响. 农业环境科学学报, 21 (4): 289-292.

陈永宗. 1963. 陕北绥德地区沟道流域侵蚀分带及沟间地侵蚀形态分布规律. 见: 中国地理学会 1963 年年会论文集 (地貌学). 北京: 科学出版社.

陈永宗. 1988. 黄土高原现代侵蚀与治理. 北京: 科学出版社.

承继成. 1965. 坡地流水作用的分带性. 见: 中国地理学会 1963 年年会论文集 (地貌学). 北京: 科学出版社.

程圣东. 2016. 黄土区植被格局对坡沟-流域侵蚀产沙的影响研究. 西安: 西安理工大学.

崔灵周, 李占斌, 朱永清, 等. 2006. 流域地貌分形特征与侵蚀产沙定量耦合关系试验研究. 水土保持学报, 20 (2): 1-4.

崔灵周, 李占斌, 郭彦彪, 等. 2007. 基于分形信息维数的流域地貌形态与侵蚀产沙关系. 土壤学报, 44 (2): 197-203.

方学敏, 万兆惠, 匡尚富. 1998. 黄河中游淤地坝拦沙机理及作用. 水利学报, 29 (10): 49-53.

傅伯杰, 陈利顶, 马克明. 1999. 黄土丘陵区小流域土地利用变化对生态环境的影响——以延安市羊圈沟流域为例. 地理学报, 54 (3): 241-246.

龚时, 蒋德麒. 1987. 黄河中游黄土丘陵沟壑区沟道小流域的水土流失及治理. 中国科学, 11 (6): 57-62.

韩鹏, 倪晋仁, 王兴奎. 2003. 黄土坡面细沟发育过程中的重力侵蚀实验研究. 水利学报, 34 (1): 51-55.

侯喜禄. 1994. 陕西黄土区不同森林类型水土保持效益的研究. 西北林学院学报, 9 (2): 20-24.

胡春宏, 张晓明. 2019. 关于黄土高原水土流失治理格局调整的建议. 中国水利, 23: 5-7.

贾莲莲. 2010. 模拟降雨条件下黄土坡面侵蚀过程与调控试验研究. 西安: 西安理工大学.

江忠善, 宋文经. 1988. 坡面流速的试验研究. 中国科学院西北水土保持研究所集刊, 7: 46-52.

焦菊英, 刘元保. 1992. 小流域沟间与沟谷地径流泥沙来量的探讨. 水土保持学报, 6 (2): 24-28.

焦菊英, 王万忠, 李靖, 等. 2003. 黄土高原丘陵沟壑区淤地坝的淤地拦沙效益分析. 农业工程学报, 19 (6): 302-306.

敬向锋, 吕宏兴, 潘成忠, 等. 2007. 坡面薄层水流流态判定方法的初步探讨. 农业工程学报, 23 (5): 56-61.

李勉, 姚文艺, 陈江南, 等. 2005. 草被覆盖对坡面流流速影响的人工模拟试验研究. 农业工程学报, 21 (12): 43-47.

李鹏, 李占斌, 郑良勇, 等. 2005. 坡面径流侵蚀产沙动力机制比较研究. 水土保持学报, 19 (3): 66-69.

李鹏, 崔文斌, 郑良勇, 等. 2006. 草本植被覆盖结构对径流侵蚀动力的作用机制. 中国水土保持科学, 4 (1): 55-59.

李毅, 邵明安 . 2008. 草地覆盖坡面流水动力参数的室内降雨试验 . 农业工程学报, 24 (10): 1-5.

李勇 . 1995. 黄土高原植物根系与土壤抗冲性 . 北京: 科学出版社 .

李勇, 朱显瑛 . 1990. 黄土高原土壤抗冲性机理初步研究 . 科学通报, 35 (5): 11-16.

李占斌 . 1991. 黄土地区坡地系统暴雨侵蚀试验及小流域产沙模型 . 西安: 陕西机械学院 .

李占斌, 朱冰冰, 李鹏, 等 . 2008. 土壤侵蚀与水土保持研究进展 . 土壤学报, 45 (5): 802-810.

李振山, 陈广庭 . 1997. 粗糙度研究的现状及展望 . 中国沙漠, 17 (1): 99-102.

李志林, 朱庆 . 2001. 数字高程模型 . 武汉: 武汉大学出版社 .

凌峰, 王乘, 张秋文 . 2006. SRTM 无效数据填充方法在数字河网提取中的应用 . 华中科技大学学报 (自然科学版), 33 (12): 85-87.

刘国彬, 上官周平, 姚文艺, 等 . 2017. 黄土高原生态工程的生态成效 . 中国科学院院刊, 32 (1): 11-19.

刘晓燕 . 2016. 黄河近年水沙锐减成因 . 北京: 科学出版社 .

卢金发, 黄秀华 . 2003. 土地覆被对黄河中游流域泥沙产生的影响 . 地理研究, 22 (5): 571-578.

罗杰斯 R D, 舒姆 S A. 1992. 稀疏植被覆盖对侵蚀和产沙的影响 . 中国水土保持, (4): 18-20.

吕悦来, 李广毅 . 1992. 地表粗糙度与土壤风蚀 . 土壤学进展, (6): 38-42.

梅欣佩 . 2004. 降雨条件下坡面薄层水流水动力学特性试验研究 . 西安: 西安理工大学 .

齐矗华 . 1991. 黄土高原侵蚀地貌与水土流失关系研究 . 西安: 陕西人民教育出版社 .

唐克丽 . 1983. 杏子河流域坡耕地的水土流失及其防治 . 水土保持通报, 3 (3): 43-48.

唐克丽 . 1991. 黄土高原地区土壤侵蚀区域特征及其治理途径 . 北京: 中国科学技术出版社 .

唐克丽 . 2004a. 黄河流域的侵蚀与径流泥沙变化 . 郑州: 黄河水利出版社 .

唐克丽 . 2004b. 中国水土保持 . 北京: 科学出版社 .

田均良, 梁一民, 刘普灵 . 2003. 黄土高原丘陵区中尺度生态农业建设探讨 . 郑州: 黄河水利出版社 .

汪有科 . 1994. 森林植被保持水土功能评价 . 水土保持研究, 1 (3): 24-30.

王光谦, 钟德钰, 吴保生 . 2020. 黄河泥沙未来变化趋势 . 中国水利, 1: 9-12.

王文龙, 雷阿林, 李占斌, 等 . 2003a. 黄土丘陵区坡面薄层水流侵蚀动力机制实验研究 . 水利学报, 34 (9): 66-70.

王文龙, 雷阿林, 李占斌, 等 . 2003b. 黄土区不同地貌部位径流泥沙空间分布试验研究 . 农业工程学报, 19 (4): 4-43.

王允升, 王英顺 . 1995. 黄河中游地区 1994 年暴雨洪水淤地坝水毁情况和拦淤作用调查 . 中国水土保持, (8): 23-28.

吴发启, 刘秉正 . 2003. 黄土高原流域农林复合配置 . 郑州: 黄河水利出版社 .

吴发启, 赵晓光, 刘秉正, 等 . 1998. 地表糙度的量测方法及对地面径流和侵蚀的影响 . 西北林学院学报, 13 (2): 15-19.

吴发启, 赵晓光, 刘秉正 . 2001. 缓坡耕地侵蚀环境及动力机制分析 . 西安: 陕西科学技术出版社 .

吴普特, 周佩华 . 1992. 坡面薄层水流流动形态与侵蚀搬运方式的研究 . 水土保持学报, 6 (1): 16-24.

肖培青, 郑粉莉 . 2002. 上方来水来沙对细沟水流水力学参数的影响 . 泥沙研究, 4: 69-74.

徐宪立, 马克明 . 2006. 植被与水土流失关系研究进展 . 生态学报, 9 (9): 3137-3143.

徐雪良 . 1987. 韭园沟流域沟间地、沟谷地来水来沙量的研究 . 中国水土保持, (8): 23-26.

闫业超, 张树文, 岳书平 . 2008. 东北川岗地形区 SRTM 数据质量评价 . 中国科学院研究生院学报, 25 (1): 41-46.

姚文艺 . 1996. 坡面流阻力规律试验研究 . 泥沙研究, 1: 74-82.

姚文艺, 汤立群 . 2001. 水力侵蚀产沙过程及模拟 . 郑州: 黄河水利出版社 .

游珍, 李占斌, 蒋庆丰. 2005. 坡面植被分布对降雨侵蚀的影响研究. 泥沙研究, 12 (6): 40-43.

于国强, 李占斌, 李鹏, 等. 2010. 不同植被类型的坡面径流侵蚀产沙试验研究. 水科学进展, 21 (5): 593-599.

曾伯庆. 1980. 晋西黄土丘陵沟壑区水土流失规律及治理效益. 人民黄河, 2 (2): 1-5.

张光辉. 2002. 坡面薄层波水动力学特性的实验研究. 水科学进展, 13 (2): 159-165.

张建军, 纳磊, 董煌标, 等. 2008. 黄土高原不同植被覆盖对流域水文的影响. 生态学报, 28 (8): 3597-3605.

张科利. 1998. 黄土坡面细沟侵蚀中的水流阻力规律研究. 人民黄河, 20 (8): 13-15.

张科利. 1999. 黄土坡面发育的细沟水动力学特征的研究. 泥沙研究, 1: 56-61.

张胜利, 于一鸣, 姚文艺. 1994. 水土保持减水减沙效益计算方法. 北京: 中国环境科学出版社.

张志强, 王盛萍, 孙阁, 等. 2006. 流域径流泥沙多尺度植被变化响应研究进展. 生态学报, 26 (7): 2356-2364.

赵军, 韩鹏. 2001. 激光微地貌扫描仪的开发研制及在坡面侵蚀研究应用初步. 山东农业大学学报 (自然科学版), 32 (2): 201-206.

郑粉莉, 高学田. 2000. 黄土坡面土壤侵蚀过程与模拟. 西安: 陕西人民出版社.

郑良勇. 2003. 黄土地区陡坡水蚀动力过程试验研究. 咸阳: 西北农林科技大学.

郑良勇, 李占斌, 李鹏. 2004. 黄土区陡坡径流水动力学特性试验研究. 水利学报, 35 (5): 46-51.

郑子成. 2002. 坡耕地地表糙度及其作用研究. 咸阳: 西北农林科技大学.

朱显谟. 1960. 黄土高原地区植被因素对于水土流失的影响. 土壤学报, 8 (2): 110-120.

Abrahams A D, Parsons A J. 1994. Hydraulics of interrill overland flow on stone-covered desert surfaces. Catena, 23 (1): 111-140.

Abrahams A D, Li G. 1998. Effect of saltating sediment on flow resistance and bed roughness in overland flow. Earth Surface Processes and Landforms, 23 (10): 953-960.

Abrahams A D, Parsons A J, Wainwright J. 1994. Resistance to overland flow on semiarid grassland and shrubland hillslopes, Walnut Gulch, southern Arizona. Journal of Hydrology, 156 (1): 431-446.

Abrahams A D, Li G, Parsons J. 1996. Rill hydraulics on a semiarid hillslope, southern Arizona. Earth Surface Processes and Landforms, 21 (1): 35-47.

Ali Saleh. 1993. Soil roughness measurement: chain method. Journal of Soil and Water Conservation, 48 (6): 527-529.

Allen G H, Joan Q W. 2004. Climatic influences on Holocene variations in soil erosion rates on a small hill in the Mojave Desert. Geomorphology, 58 (1): 263-289.

Brough D L, Jarrett A R. 1992. Simple technique for approximating surface storage ofslittilled fields. Transactions of the Asae, 35 (3): 885-890.

Bunte K, Poesen J. 1994. Effects of rock fragment size and cover on overland flow hydraulics, local turbulence and sediment yield on an erodible soil surface. Earth Surface Processes and Landforms, 19 (2): 115-135.

Burwell R E, Larson W E. 1969. Infiltration as influenced by tillage-induced random roughness and pore space. Soil Science Society of America Journal, 33 (3): 449-452.

Dunkerley D, Domelow P, Tooth D. 2001. Frictional retardation of laminar flow by plant litter and surface stones on dryland surfaces: a laboratory study. Water Resources Research, 37 (5): 1417-1423.

Flanagan D C, Huang C, Noton L D, et al. 1995. Laser scanner for erosion plot measurements. Transactions of the Asae, 38 (3): 703-710.

Foster G R, Huggins L F, Meyer L D. 1984. A laboratory study of rill hydraulics. I: Velocity relationships. Transactions of ASAE, 27 (3): 790-796.

Fu B J, Chen L D, Ma K M, et al. 2000. The relationships between land use and soil conditions in the hilly area of the Loess Plateau in northern Shannxi, China. Catena, 39 (1): 69-78.

García-Ruiz J M. 2010. The effects of land uses on soil erosion in Spain: a review. Catena, 81 (1): 1-11.

García-Ruiz J M, Regüés D, Alvera B, et al. 2008. Flood generation and sediment transport in experimental catchments affected by land use changes in the central Pyrenees. Journal of Hydrology, 356 (1-2): 245-260.

Gerard G. 1992. Relationship between discharge, velocity and flow area for rills eroding loose, non-layered materials. Earth Surface Processes and landforms, 17 (5): 515-528.

Gilley J E, Kottwitz E, Simanton J. 1990. Hydraulic characteristics of rills. Transactions of the Asae, 33 (6): 1900-1906.

Guy B T, Dickinson W T, Rudra R P. 1987. The roles of rainfall and runoff in the sediment transport capacity of interrill flow. The transactions of the ASAE, 30 (5): 1378-1387.

Horton R E. 1945. Erosional development ofstriams and their drainage basins: Hydrological approach quantitative morphology. Bulletin of the Geological Society of America, 56 (3): 275-370.

Horton R E, Leach H R, Vliet V R. 1934. Laminar sheet-flow. Transaction of the American Geophysical Union, 115 (2): 393-404.

Hu C. 2020. Implications of water-sediment co-varying trends in large rivers. Science Bulletin, 65: 4-6.

Huang C, Bradford J M. 1992. Applications of a laser scanner to quantify soil microtopography. Soil Science Society of America Journal, 56 (1): 14-21.

Huang G H, Zhang R D, Huang Q Z. 2006. Modeling soil water retention curve with a fractal method. Pedosphere, 16: 137-146.

Julien P, Simons B. 1986. Sediment transport capacity of overland flow. Transactions of the Asae, 28 (3): 755-762.

Kruipers H. 1957. A relief-meter for soil cultivation studies. Journal of Agricultural Science, (5): 255-262.

Lam N S N, Qiu H L, Quattrochi D A, et al. 2002. An evaluation of fractal methods for characterizing image complexity. Cartography and Geographic Information Science, 29 (1): 25-35.

Lawrence D. 2000. Hydraulic resistance in overland flow during partial and marginal surface inundation: Experimental observations and modeling. Water Resources Research, 36 (8): 2381-2393.

Lehrsch G A, Sojka R E, Carter D L, et al. 1991. Freezing Effects on Aggregate Stability Affected by Texture, Mineralogy, and Organic Matter. Soil Science Society of America Journal, 55 (5): 1401-1406.

Li P, Li Z B, Zheng L Y. 2002. Advances in researches of the effectiveness for vegetation conserving soil and water. Research of Soil and Water Conservation, 9 (2): 76-80.

Li Y, Zhu X M, Tian J Y. 1991. Study on the effectiveness of soil anti-scourability by plant roots in loess Plateau. Chinese Science Bulletin, 36 (12): 935-938.

Liu J L, Xu S H. 2002. Applicability of fractal models in estimating soil water retention characteristics from particle-size distribution data. Pedosphere, 12 (4): 301-308.

Liu P L, Tian J L, Zhou P H, et al. 1995. REE contents in topsoil on the Loess Plateau and effects of REE applying on crops. Rare Earths, 13 (3): 221.

Lu J Y, Cassol A, Foster R, et al. 1988. Seective transport and depostion of sediment particles in shallow flow. Transactions of the Asae, 31 (4): 1141-1147.

Nachtergaele J, Poesen J, Vandekerck H L, et al. 2001. Testing the ephemeral gully erosion model for two mediter ranean environment. Earth Surface Process and Landforms, 26 (1): 17-30.

Nearing M A, Simanton R, Norton D, et al. 1999. Soil erosion by surface water flow on a stony, semiarid hillslope. Earth Surface Processes and Landforms, 24 (8): 677-686.

Onstad C A, Wolfe M L, Larson C L, et al. 1984. Tilled soil subsidence during repeated wetting. Transactions of the Asae, 27 (3): 733-736.

Renard K G. 1983. Comments on soil erosion and total denudation due to flash floods in the Egyptian desert. Journal of Arid Environments, 126 (3): 547-553.

Romkens M J M, Prasad S N. 2001. Soil erosion under different rainfall intensities, surface roughness, and soil water regimes. Catena, 46 (2): 103-123.

Rose C W, ParLarge J Y, Sander G C, et al. 1983a. A kinematic flow approximation to runoff on a plane: An approximate analytic solution. Journal of Hydrology, 62 (1): 2110-2115.

Rose C W, Willians J R, Sander G C, et al. 1983b. A mathematical model of soil erosion and deposition processes: I. Theory for a plane land element. Soil Science Society of America journal, 47 (5): 968-987.

Savat J. 1980. Resistance to flow in rough supercritical sheet flow. Earth surface processes, 5 (2): 103-122.

Seeger M. 2007. Uncertainty of factors determining runoff and erosion processes as quantified by rainfall simulations. Catena, 71 (1): 56-67.

Song T, Chiew Y, Chin C. 1998. Effect of bed-load movement on flow friction factor. Journal of Hydraulic Engineering, 124 (2): 165-175.

Veneziano D, Jeffrey N D. 2000. Self-similarity and multifractality of fluvial erosion topography 2. Scaling properties. Water Resources Research, 36 (7): 1937-1951.

Ventura E J, Nearing M A, Norton L D. 2001. Developing a magnetic tracer to study soil erosion. Catena, 43 (4): 277.

Wang H S, Liu G B. 1999. Analyses on vegetation structures and their controlling soil erosion. Journal of Arid Land Resources and Environment, 13 (2): 62-68.

Wang Y K, Wu Q X, Zhao H Y, etal. 1993. Mechanism on anti-scouring of forest litter. Journal of Soil and Water Conservation, 7 (1): 75-80.

Wijdenes D J O, Poesen J, Vandekerckhove L, et al. 2000. Spatial distribution of gully head activity and sediment supply along an ephemeral channel in Mediterranean environment. Catena, 39 (3): 147-167.

Williams J R, Berndt H D. 1977. Sediment yield prediction based on watershed hydrology. Transactions of the Asae, 20 (6): 1100-1104.

Wu J W. 2000. Landscape concepts and theories. Chinese Journal of Ecology, 19 (1): 42-52.

Xu J X. 2005. Thresholds in vegetation-precipitation relationship and the implications in restoration of vegetation on the Loess Plateau, China. Acta EcoLogica Sinica, 25 (6): 1233-1239.

Zhang G H, Liang Y M. 1996. A summary of impact of vegetation coverage on soil and water conservation benefit. Research of Soil and Water Conservation, 3 (2): 104-110.

Zhang X, Zhang Y, Wen A, et al. 2003. Soil loss evaluation by using 137Cs technique in the Upper Yangtze River Basin, China. Soil and Tillage Research, 69 (1): 99-106.

Zhao L S, Liang X L, Wu F Q. 2014. Soil surface roughness change and its effect on runoff and erosion on the Loess Plateau of China. Journal of Arid Land, 6 (4): 400-409.

2 试验材料与方法

2.1 试验处理和测量

黄土高原丘陵沟壑区大致可划分为沟间地（坡面）和沟谷地（沟道）两部分。黄土高原丘陵沟壑区典型坡沟系统的地貌特征统计结果表明，坡面坡度较为平缓，坡度基本在10°~25°之间；沟道坡度较陡，坡度基本在25°~35°之间。根据坡沟系统地貌特征、室内试验条件和设计原则以及雨洪侵蚀试验大厅具体试验设施状况，对黄土高原丘陵沟壑区坡沟系统进行概化，建立概化的坡沟系统物理试验模型，如图2-1和图2-2所示。所建物理实验模型基本表征黄土高原丘陵沟壑区坡沟系统的地貌特征。

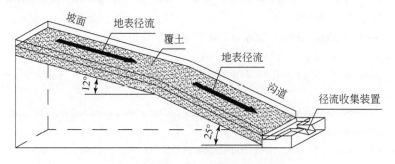

图 2-1　坡沟系统概化模型示意图

图 2-2　坡沟系统概化模型试验系统

坡沟系统概化模型试验系统采用钢板制成。其中坡度12°、长度为8m的钢槽代表坡面；另外坡度25°、长度为5m的钢槽代表沟道（图2-1和图2-2）。整个钢槽的水平投影面积为11.55m²。坡面与沟道的长度比为1.6∶1.0，代表黄土高原地区坡面与沟道的实际比值（Benito et al., 2003; Li et al., 2009; Pan and Shangguan, 2006, 2007）。

本次研究对象为陕北黄土高原丘陵沟壑区，以黄土作为试验用土壤，土壤样品为西安郊区黄土。通过Malvern 2000型泥沙颗粒分析仪（Malvern Instruments Ltd., UK）获得土壤粒径数据，如表2-1所示。从表2-1可知，粒径为0.05~0.1mm和0.002~0.05mm的颗粒分别占总量的6.21%和91.39%。根据美国农业部（USDA）的土壤分类标准，最终确定试验用土壤归类为粉质土。

表2-1　试验用土壤颗粒组成

粒径/mm	2.0~1.0	1.0~0.5	0.5~0.25	0.25~0.1	0.1~0.05	0.05~0.002	<0.002
百分比/%	0	0.03	0.56	0.60	6.21	91.39	1.21

在本次试验中，所有的试验土样均取自同一土点，其颗粒级配、化学特征基本一致。严格制作下垫面模型，确保地貌形态达到设计精度要求。每次试验开始前，在钢槽底部铺设厚度为20cm的天然砂层，以保证试验用土的透水性接近于天然状态，并且确保土壤中的水分均匀渗透。土壤初始含水量对黄土的抗侵蚀性影响很大，为确保每次试验初始值保持一致，每次模拟降雨试验都采用喷水装置对下垫面喷水，且喷水量和喷水时间相同，最终使模型的初始含水量控制在21%左右，夯实土壤容重控制在1.3g/cm³左右。随后，将四层5cm的试验土壤层放置在沙层的上部，留出10cm的空间用于覆盖草带。

在坡面所对应的预留部分移植10cm草带，之间的缝隙采用土壤填满，然后压实；草带与裸露的斜坡部分齐平并紧密连接，以防止试验期间草带滑动。试验选取适合于黄土区生长的野生马尼拉草（Zoysiamatrella）作为试验用草，草带尺寸为2m×1m，根系深度为20cm。试验开始两周前，将草带铺设于钢槽内自然生长，长势同自然生长状态下一致。在植草和填土结束后，采用水平梯度仪测量斜坡表面的水平度，确保所有试验的边界条件一致。

根据放水冲刷试验设计要求，采用试验室顶部水槽控制定水头控制放水流量，从试验槽上部按照设计要求通过阀门控制流量。每次试验前、后均进行2次流量率定，以保证放水流量的一致性和准确性。

在室内人工模拟降雨试验中，采用自行设计的向上式模拟降雨装置产生降雨。喷头的孔径在1~6mm之间。采用滤纸法（Best, 1950）测量雨滴直径，雨滴平均直径达到1.5mm，雨滴直径分布在0.4~3.0mm。因此，本次试验中的模拟降雨在雨滴尺寸和雨滴分布上均与自然降雨类似。试验中每个喷头的降雨覆盖面积达到3~4m²，试验中共使用8个喷嘴，其中4个位于坡面、4个位于沟道。按照文献记载和实际物理模型计算，确定雨滴的有效降落高度为8m，以确保雨滴末速达到设计速度。降雨强度通过喷头尺寸和水压精确控制（Zhang et al., 2014）。每次降雨试验之前，都需要对降雨强度进行率定，以控制降雨量和降雨空间均匀性（Pan and Shangguan, 2006; Zhang et al., 2014）。试验中使用20个圆形塑料桶（内径15cm、高度15cm）用来确定降雨强度和均匀性。20个圆形小桶分列5行在场地内均匀垂直分布，并且每个小桶距离侧壁50cm。降雨均匀度由式（2-1）计算（Zhang et al., 2014）：

$$K = 1 - \sum_{i=1}^{n} |P_i - \bar{p}| / n_b \bar{p} \qquad (2\text{-}1)$$

式中，K 为降雨均匀度；$\bar{p}$ 为由所有小桶求得的平均降雨量，mm；P_i 为每个小桶的降雨量，mm；n_b 为小桶个数。

式 (2-1) 的计算结果表明，模拟降雨的均匀性在 85% 以上，表明本次人工模拟的降雨过程具有较高的均匀度和稳定性。

2.2　试验设计与方法

2.2.1　放水冲刷试验

上方来水是影响坡沟系统侵蚀和泥沙输移的一项重要因素。根据已有的研究成果和研究区上方来水的实际情况，同时也为了与间歇性降雨的降雨量匹配，本次试验最终采用 16L/min 的流量作为冲刷流量，大致相当于黄土区大雨雨强 90mm/h，此点将在间歇性降雨试验中进行详细说明，用以研究植被格局对坡沟系统的水动力过程的调控机理。冲刷试验在坡沟系统模型中进行（图 2-1 和图 2-2）。冲刷试验钢槽宽度为 1m，钢槽中间布设PVC 板，将试验钢槽均分为两部分，宽度为 0.5m，以进行重复试验；每次试验仅在钢槽一侧进行，重复试验在另一侧开展，如图 2-3 所示。

在试验控制条件下，根据对以往径流冲刷试验中径流与产沙过程线实际波动情况，产流经过 30min 径流基本处于稳定状态，因此将径流历时定义为 30min。试验人员每 1min 用存储桶收集 1 次径流和泥沙样品，并对径流量进行测量。径流中的泥沙经过 24h 静置后进行分离，随后分离后的每 1min 的泥沙样品在 105℃ 高温下烘干 8h，进行称重（图 2-3），获得每 1min 的产沙量数据。然后对每 1min 的数据进行汇总，求得径流总量和产沙总量。

(a) 冲刷试验系统实物图

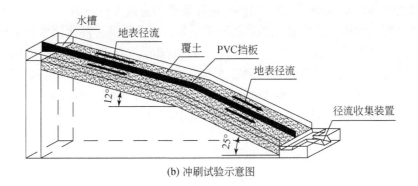

(b) 冲刷试验示意图

图 2-3 冲刷试验系统

本试验中，整个坡沟系统被均分成 13 个坡段，每个坡段的尺寸均为 1m×1m。将距离坡顶 1m 位置处的断面设定为第 1 过水断面，标记为 1-1；沿水流方向，各个过水断面间隔 1m，其他过水断面分别标记为 2-2，3-3，4-4，…，最后至系统出口 13-13 过水断面。在坡顶部位分别布设两个引水槽（长 20cm、宽 50cm、深 50cm），使上方来水先流经该水槽时进行一定的缓冲，使水流以行进流速为零进入坡沟系统的缓流带。在冲刷流量率定之后，将铁丝放置于每个过水断面处，用于标记过水断面，以方便测量径流宽、径流流速。

其中过水断面 1-1 作为试验系统中的缓流断面，距离坡顶距离 1m，首先用塑料薄膜铺设在下部，其次在其上方铺上有机玻璃，在有机玻璃与钢槽接触的两侧均匀涂抹玻璃胶进行密封，防止漏水。在装填土时在对应的位置预留足够的空间，填土结束后将有机玻璃放置在该部位，采用水准仪进行校准，保证有机玻璃表面与下方土壤表面在一个水平面上，使径流经过缓流带以后能从中间流经坡面。采用 KMnO$_4$ 染料示踪法在不同横、纵断面多次测量取平均值，最终确定径流表面流速。

其中，雷诺数 Re 是水流惯性力与黏滞力的比值。本试验层流和紊流的临界值取 500，在 500 左右则为过渡流，Re 大于 500 时为紊流，小于 500 则为层流（Li et al., 1996），以此来判定径流流动状态，计算式为

$$Re = \frac{UR}{\nu} \tag{2-2}$$

式中，R 为过水断面水力半径，m；U 为平均流速，m/s；ν 为径流运动黏滞系数，$v = 0.01775/(1+0.0337T+0.000221T^2)$；T 为水温，℃（Li et al., 1996）。

由于本试验坡面为薄层水流，可用坡面平均水深 h 代替水力半径 R，用反算法计算：

$$h = \frac{q}{U} = \frac{Q}{Ubt} \tag{2-3}$$

式中，t 为时间，min；q 为单宽流量，m^3/(m·min)；Q 为 t 时间内总径流量，m^3；b 为过水断面宽度，m；U 为平均流速，m/s。

径流流速是坡面水流最重要、可以通过试验手段直接获取的水动力学参数之一。坡面径流平均流速（V）计算式为

$$V = \alpha U \tag{2-4}$$

式中，U 为径流表面平均流速，m/s；α 为修正系数，由径流流态确定，紊流、过渡流和

层流时分别为 0.80、0.70 和 0.67，最终获取径流平均流速（Li et al., 1996）。

根据水土保持功能优化植被覆盖度的研究成果，考虑到黄土高原储水和干燥的实际情况，最终确定植被覆盖度为 25%（Li et al., 1996；Rey, 2004）。在冲刷试验阶段，总共考虑在坡沟系统中布设 6 种草带空间配置方式（图 2-4）：坡面上部（植被格局 F）、坡面中上部（植被格局 E）、坡面中部（植被格局 D）、坡面中下部（植被格局 C）、坡面下部（植被格局 B）和裸坡格局（植被格局 A）。具体放水冲刷对应植被格局设计如表 2-2 所示。

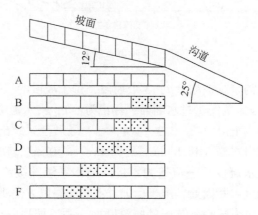

图 2-4　冲刷试验坡面植被格局设计示意图

表 2-2　冲刷试验植被格局设计

植被格局	冲刷流量/(L/min)	植被距坡顶距离/m	植被覆盖率/%	径流历时/min
A	16	裸坡	0	30
B	16	7~8	25	30
C	16	6~7	25	30
D	16	5~6	25	30
E	16	4~5	25	30
F	16	3~4	25	30

2.2.2　间歇性降雨试验

为了保证间歇性降雨试验进入坡沟系统的水量一致，同时也为了与研究区实际降雨雨强情况相匹配，本书将放水冲刷的流量和人工模拟降雨的雨强进行了相互匹配，其计算转化公式如下：

$$i = \frac{Q}{a \times S \times \cos\theta} \tag{2-5}$$

式中，i 为降雨雨强，mm/h；Q 为流量，L/min；a 为修正系数，一般取 0.8；S 为径流试验区面积，m²；θ 为坡面和沟道的坡度，°。

通过式（2-5）计算得到人工模拟降雨雨强为90mm/h，本次试验中所有的降雨场次的降雨雨强均为90mm/h。为了研究在自然条件下两种来水方式对坡沟系统的侵蚀产沙作用的影响，正确建立放水冲刷试验与间歇降雨试验的对应关系，本试验将放水冲刷试验与降雨试验的试验条件基本保持一致，13个过水断面的设置也保持一致。

试验最终采用的降雨雨强为90mm/h，同样也是根据现有的研究结果和研究区实际降雨雨强情况，相当于黄土高原地区的暴雨的降雨强度（Han and Li，2008；Zhang et al.，2014）。本次试验采用人工模拟间歇性降雨，每种植被格局条件下共进行3场连续降雨试验，每次降雨间隔时间为24h。每次间歇性降雨试验共进行两次重复试验，以减少随机性误差。统计结果表明，在试验控制条件下，两次重复试验中的径流量和产沙量均值并未出现显著差异。降雨试验系统示意图如图2-5所示。

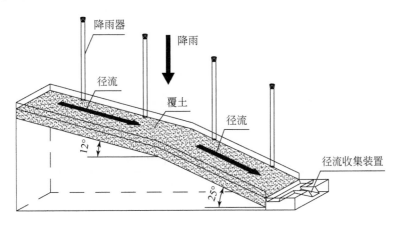

图2-5 降雨试验系统示意图

试验中根据模拟降雨试验的实际观察情况，在第3次降雨条件下下垫面有强烈的结皮现象发生，导致土壤表面的密封和变平，从而显著降低土壤表面糙度，进一步导致径流深和侵蚀强度的增加，从而减少了击溅侵蚀，有许多文献描述过在实际的降雨过程中存在着这样的结皮过程和相应的结果（Zhou et al.，2016）。因此，本书去除了试验中的第3次降雨侵蚀产沙数据，只采用第1次和第2次降雨中的试验数据进行分析。

所有试验均从产生径流的时刻开始计时，并且径流历时定义为30min，这是由于在试验控制条件下，根据实际观察，产流经过30min后径流已经基本达到稳定状态。实验人员每1min用存储桶收集一次径流和泥沙样品，并对径流量进行测量。径流中的泥沙经过24h静置后进行分离，并在105℃高温下烘干8h，随后称重。

试验中，整个坡沟系统被均分成13个坡段，每个坡段的尺寸均为1m×1m。每个断面径流流速（径流表面流速）采用$KMnO_4$染料示踪法确定，以监测试验过程中的水动力条件。同冲刷试验一样，采用径流雷诺数（Re）来判定径流流态。径流雷诺数（$Re=hV/T$）由径流深h、径流平均流速V和对应的动力黏性系数T求得；其中动力黏性系数与温度有关，取值参考相关文献中的参数（Vásquez-Méndez et al.，2010）。随后，基于不同径流流动状态的流速修正系数（层流：0.67，过渡流：0.7，紊流：0.80）对径流表面流速进行修正，获取径流平均流速（Li et al.，1996）。

根据水土保持功能优化植被覆盖度的研究成果，考虑到黄土高原储水和干燥的实际情况，最终确定植被覆盖度为 25%（Rey，2004；Han and Li，2008）。在降雨试验阶段，总共考虑在坡沟系统中布设 5 种草带的空间配置（图 2-6）：坡面上部（植被格局 E）、坡面中上部（植被格局 D）、坡面中下部（植被格局 C）、坡面下部（植被格局 B）和裸坡格局（植被格局 A）。具体间歇性降雨植被格局设计如表 2-3 所示。

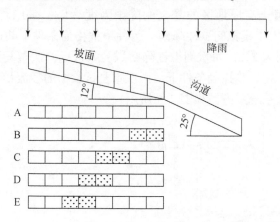

图 2-6　降雨试验坡面植被格局设计示意图

表 2-3　降雨试验植被格局设计

植被格局	降雨次数	植被距坡顶距离/m	植被覆盖率/%	降雨雨强/(mm/h)	径流历时/min
A	3	裸坡	0	90	30
B	3	7~8	25	90	30
C	3	5~6	25	90	30
D	3	4~5	25	90	30
E	3	3~4	25	90	30

2.3　地表微地貌测量

本书采用三维激光扫描仪 Trimble FX scanner 对降雨前后的微地貌进行数字化。该扫描仪水平方向和垂直方向测量精度为 1mm。可以生成 360°×270° 视角的高精度影像，数据捕捉速度达到每秒 12000000 个像素点。影像中的每一个像素点代表实际空间中的一个 3D 点。

扫描仪所获取的空间点云数据的提取和处理由该仪器自带的扫描软件（Trimble Real Works office）完成。通过该套装软件可以建立试验中坡沟系统表面的 DEM（Darboux et al.，2001）。在每次试验中，可以获取两次降雨前后 3 个 1m×13m 的下垫面地形的 DEM 数据。在此将初始 DEM 数据定义为"Rain 0"，第 1 次降雨后的 DEM 数据定义为"Rain 1"，第 2 次降雨后的 DEM 数据定义为"Rain 2"，以此类推。

第 2 次降雨后的总侵蚀体积、细沟侵蚀体积、细沟侵蚀体积占总侵蚀体积比率以及最大细沟侵蚀宽度、最大细沟侵蚀深度均可以通过 DEM 计算得出。计算得出的各个细沟侵蚀指标与系统出口测量的产沙量相比，其误差在 6% ~ 14% 之间，表明地表微地貌测量结果是准确的（此点将在第 5 章详细介绍）。

2.4 小 结

本章详细介绍了试验材料的基本情况，并根据试验的具体要求进行了试验设计，同时对试验方法和具体操作进行了详细的阐述。

参 考 文 献

Benito E, Santiago J L, De Blas E, et al. 2003. Deforestation of water-repellent soils in Galicia (NW Spain): effects on surface runoff and erosion under simulated rainfall. Earth Surface Processes and Landforms, 28 (2): 145-155.

Best A C. 1950. The size distribution of raindrops. Quarterly Journal of theRoyal Meteorological Society, 76 (327): 16-36.

Darboux F, Davy P, Gascuel-Odoux C, et al. 2001. Evolution of soil surface roughness and flowpath connectivity in overland flow experiments. Catena, 46 (2): 125-139.

Han P, Li X X. 2008. Study on soil erosion and vegetation effect on soil conservation in the Yellow River Basin. Journal of Basic Science and Engineering, 16 (2): 181-190.

Li G, Abrahams A D, Atkinson J F. 1996. Correction factors in the determination of mean velocity of overland flow. Earth surface Processes and Landforms, 21 (6): 509-515.

Li M, Yao W Y, Ding W F, et al. 2009. Effect of grass coverage on sediment yield in the hillslope-gully side erosion system. Journal of Geographical Sciences, 19 (3): 321-330.

Pan C Z, Shangguan Z P. 2006. Runoff hydraulic characteristics and sediment generation in sloped grassplots under simulated rainfall conditions. Journal of Hydrology, 331 (1): 178-185.

Pan C Z, Shangguan Z P. 2007. The effects of ryegrass roots and shoots on loess erosion under simulated rainfall. Catena, 70 (3): 350-355.

Rey F. 2004. Effectiveness of vegetation barriers formarly sediment trapping. Earth Surface Processes and Landforms, 29 (9): 1161-1169.

Vásquez-Méndez R, Ventura-Ramos E, Oleschko K, et al. 2010. Soil erosion and runoff in different vegetation patches from semiarid Central Mexico. Catena, 80 (3): 162-169.

Zhang X, Yu G Q, Li Z B, et al. 2014. Experimental Study on Slope Runoff Erosion and Sediment under Different Vegetation Types. Water Resources Management, 28 (9): 2415-2433.

Zhou J, Fu B J, Gao G Y, et al. 2016. Effects of precipitation and restoration vegetation on soil erosion in a semi-arid environment in the Loess Plateau, China. Catena, 137 (137): 1-11.

3 不同植被格局下坡沟系统
水蚀动力变化过程研究

由径流冲刷引起的土壤侵蚀在我国黄土高原地区尤为突出，也是全球性环境问题。我国黄土区是全球范围内黄土厚度最大和分布面积最广的区域，黄土地区千沟万壑、地形复杂破碎，植被覆盖差，土壤抗蚀能力差，降雨多以短历时高强度暴雨形式出现，人类活动等诸多因素造成植被破坏，导致流域侵蚀产沙极为严重（焦菊英和王万忠，2001；刘晓燕，2016；刘国彬等，2017；胡春宏和张晓明，2019；王光谦等，2020；Hu，2020）。长期以来，坡沟系统水沙关系和侵蚀机理的研究始终是黄土高原土壤侵蚀研究中亟待解决的问题。随着对黄土高原地区坡沟系统侵蚀研究的不断深入，研究者逐渐意识到沟坡系统的径流侵蚀产沙过程与流域的侵蚀产沙输移过程是密不可分的。植被措施对于防治坡沟系统侵蚀产沙发挥着重要的作用，而不合理开垦和破坏植被等人类工程活动会加剧土壤侵蚀过程。因此，开展植被调控措施与坡沟系统侵蚀产沙的耦合关系研究，分析坡沟系统中不同植被格局条件侵蚀产沙变化特征，定量分析水动力参数的时空变化特征以及对植被调控侵蚀机制的试验研究，对于深入认识坡沟系统植被措施对侵蚀产沙的调控作用、合理优化配置水土保持治理措施和减少入黄泥沙有着重要的科学意义和现实意义。

受降雨、地形、土壤、植被和人类活动等因素的综合影响，黄土高原地区土壤侵蚀严重，年土壤流失率达到了 $5000 \sim 10000 t/km^2$（Zhang et al.，2008；Wang et al.，2014）。土壤侵蚀速度受地貌特征、土壤特性、水文条件、降雨状况、土地利用、土地覆盖以及土地管理实践等诸多因素影响（Antonello et al.，2015）。土壤侵蚀过程，尤其是水文过程，在影响黄土高原不同尺度的土地退化过程中起重要作用（Zhang et al.，2008；Wang et al.，2014；Antonello et al.，2015）。诸多研究表明，植被在防止土壤侵蚀中起着重要作用，植被在生长期内通过调节坡沟系统内的水蚀动力过程，从而直接影响土壤性质（即土壤养分元素、土壤容重和土壤孔隙度），间接影响渗透速率和土壤侵蚀（Wang et al.，2014）。植被的种植与管理是防止水土流失的有效途径（Zhou et al.，2006；Fu et al.，2012）。

然而，现有的研究工作主要集中在坡面范围内的侵蚀产沙和泥沙输移的特征和规律上，而植被格局对整个坡沟系统影响的研究却很少涉及（Pan and Shangguan，2007）。虽然黄土高原地区植被空间格局对土壤侵蚀的影响已经得到广泛研究，但由于缺乏足够、可靠的观测资料，不同植被条件下的侵蚀产沙特征、过程和机理仍然难以理解（Zhou et al.，2006；Fu et al.，2012），而这些影响因素之间复杂的相互作用仍未开展定量化研究（García-Ruiz et al.，2010；Nadal-Romero and Regués，2009）。

研究坡沟系统径流剥离土壤的水蚀动力过程是分析土壤侵蚀产沙过程、水动力机制以及侵蚀产沙模型的基础，具有重要的理论和实际意义。众所周知，土壤侵蚀过程与地表径流的水蚀动力过程密切相关，试验人员通过室内试验研究也证实了这一点（Zhang et al.，2008；Wang et al.，2014）。Zhang 等（2002，2003）通过试验量化了地表径流的水力参数

（坡度、流量和剪切力）与黄土土壤分离能力之间的关系（Nearing et al.，1991）。然而，在不同侵蚀模型下，由于地表径流的水蚀动力过程对其造成的表层土壤侵蚀的影响仍不十分清楚，特别是在黄土高原地区更是如此（Wang et al.，2014；Zhang et al.，2002，2003；Fu et al.，2011）。此外，目前关于坡沟系统水蚀动力过程的研究往往更侧重于裸坡范围的研究，而在植被条件下开展的研究较少；仅少数人研究了不同植被条件下雷诺数和弗洛德数的变化规律；甚至更少数人的研究关注植被对水动力参数（径流速度、径流阻力和径流剪切力等）的调控作用（Pan and Shangguan，2006，2007）。因此，开展植被格局对黄土高原坡沟系统水蚀动力过程调控机理研究具有重要的科学和现实意义。

由于冲刷试验具有操作简单、方便快捷、重复性强、准确性高等优点，本书以坡沟系统物理模型为研究对象，开展室内上方来水冲刷试验，阐明坡沟系统不同植被空间配置方式下侵蚀输沙特征与水动力参数的时空变化过程；确定调控水蚀动力过程最优的植被空间配置方式，揭示径流冲刷条件下坡沟系统植被空间配置对侵蚀输沙及水动力过程的作用机理，以期为坡沟系统侵蚀产沙预测模型的建立提供理论依据和技术支持。

3.1　不同植被格局条件下径流流速时空变化

3.1.1　裸坡条件下径流平均流速的时空变化

径流平均流速的时空变化特征是分析植被格局对径流作用的一个重要指标（Li et al.，1996）。图 3-1 展示了裸坡条件下径流平均流速的空间（沿程）和时间变化特征。

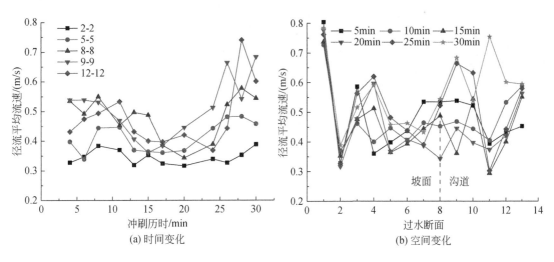

(a) 时间变化　　　　　(b) 空间变化

图 3-1　裸坡条件下径流平均流速时空变化

由图 3-1（a）可以看出，随着放水冲刷历时的延长，不同过水断面上的径流平均流速值呈现先减小后增大的趋势，沟道范围内的径流平均流速值基本大于坡面。由图 3-1（b）可以看出，径流自缓流带流至断面 1，由于缓流带阻力较小，径流较为集中，流速很大。之后，不同时刻的径流平均流速的空间变化存在一定的波动增加的趋势，并不是一直保持增加趋势，这是径流在坡面流动的过程中，土壤侵蚀和能量转化交替所致。4 次波峰分别出现在第 1、第 4、第 9、第 13 过水断面，3 次波谷分别出现在第 2、第 6、第 11 过水断面。分析其原因可能是，径流平均流速和径流侵蚀力经过缓流带后，在坡顶第 1 坡段达到峰值，土壤侵蚀较为严重。径流在经过第 2 过水断面后，径流动能消耗较大，径流平均流速快速下降，达到坡面范围内最小值。在第 3、第 4 过水断面出现小波峰后，在随后的过程中，径流在坡面范围内基本处于稳定状态，波动较小。当径流进入第 9 过水断面（沟道第 1 过水断面）时，径流更为集中，导致径流平均流速突然快速增加至峰值，径流动能和径流携运泥沙能力同样也达到峰值。直至径流经过第 11 过水断面，径流平均流速降为沟道范围内最小值。然后，径流经过系统出口，径流平均流速小幅增长。根据试验实际观测情况，在坡面和沟道范围内，侵蚀最为严重的部位发生在第 1、第 2、第 10、第 11 过水断面位置处。根据试验实际观测情况，在整个坡面范围内，侵蚀最为严重的部位发生在第 1、第 4、第 9、第 13 过水断面位置附近区域，基本与径流流速峰值部位相一致。

3.1.2　植被格局对径流平均流速的影响

当坡沟系统种植植被后，径流遇到草带的阻隔后其平均流速会发生一定程度的变化，不同植被格局对径流流速的作用也不尽相同。分别选取第 9 和第 13 过水断面径流平均流速作为观测对象，以分析坡面出口和整个系统出口断面的径流流速变化情况；同时选取径流历时第 15min 和第 25min 时的径流流速，以观测径流达到稳定状态后径流流速的变化情况。

1. 不同植被格局条件下径流平均流速的时间变化

图 3-2 为不同植被格局条件下试验过程中坡沟系统第 9 和第 13 过水断面径流平均流速随冲刷历时的变化过程线。

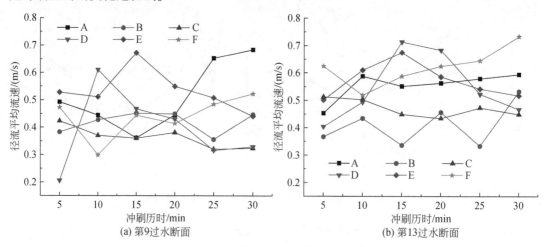

(a) 第9过水断面　　　　　　　　　　　(b) 第13过水断面

图 3-2　不同植被格局条件下不同过水断面径流平均流速时间变化

从图 3-2 中可以看出，径流平均流速在整个冲刷阶段一直处于波动状态，并不是随径流历时的延续，速度会一直增大，这是坡面水流在流动的过程中一直伴随着土壤侵蚀和能量相互转化所致。不同植被格局条件下的径流平均流速差异显著，对于大部分植被格局而言，其径流平均流速均有不同程度的降低。但同时也发现，在一些植被格局条件下（E 和 F），与裸坡相比，径流流速有所增加。由于植被位置布设不尽合理，对径流产生了负面的消极的影响，因此与裸坡相比，径流流速有所增加。这种植被的负面影响与先前研究中所阐述的植被的存在能够增加水分入渗，显著减少径流和产沙量（Nadal-Romero et al.，2011）的现象相矛盾；而且这种差异在沟道范围内中表现得更为显著，这表明坡沟系统中的径流速度的变化特征与坡面存在显著差异（Zhang et al.，2018）。

2. 不同植被格局条件下径流平均流速的空间变化

图 3-3 为不同植被格局条件下试验过程中第 15min 和第 25min 时坡沟系统不同过水断面位置处径流平均流速分布曲线。

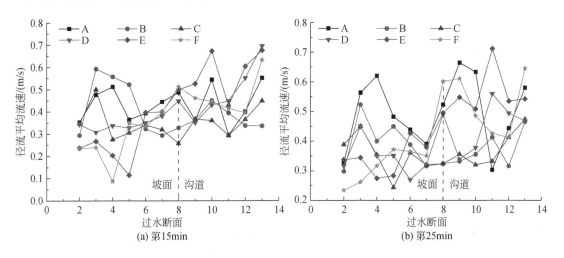

图 3-3　不同植被格局条件下不同时刻径流平均流速空间变化

从图 3-3 可知，在两个时刻的不同植被格局条件下，径流平均流速均是随着草带与坡顶距离的增加呈现出先快速降低然后逐渐增加的趋势。在坡面范围内，各个植被格局条件下径流流速基本呈波动下降趋势；当径流进入下坡后，径流流速快速增加，在第 9 和第 10 过水断面位置处达到峰值，然后再次出现波动状态。裸坡条件下各个断面位置处的径流平均流速基本大于其他格局的情况，仅有一些植被格局条件下（E 和 F）的径流流速大于裸坡时的情况，说明一些布设位置合适的植被对径流起到了一定的延缓作用，而一些布设位置不合适的植被对径流流速起到了一定的加剧作用。

3. 植被布设位置与径流平均流速的关系

图 3-4 展示了径流平均流速和草带布设位置与坡顶距离的关系。从图 3-4 可以看出，平均径流流速随着草带与坡顶距离的增加基本上呈现出先增加后减小的趋势。种植草带后，在沟道顶部即第 9 过水断面位置处的径流平均流速均有不同程度的降低，表明植被对径流具有一定的延缓作用，具有较好的水土保持效果。在坡沟系统出口处（第 13 过水断

面），除植被格局 B 和植被格局 C 以外，径流平均流速基本没有降低。当草带距坡顶 6m（植被格局 B）和 5m（植被格局 C）时，径流平均流速均处于较低水平，即植被格局 B 和植被格局 C 均有很强的减缓流速效果，能够使径流流速降低 22%。综合以上分析，由于植被位置布设不尽合理，对径流产生了负面消极的影响，因此与裸坡相比，径流流速有所增加。

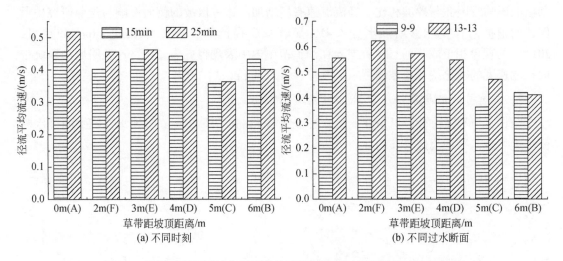

图 3-4　不同时刻不同过水断面条件下植被格局对径流平均流速的影响

研究结果表明，在 25% 的低植被覆盖度条件下，与同等条件下裸坡相比，草带位于坡面中上部和上部的植被格局会产生更为严重的土壤侵蚀。这显然与常规所描述的植被的存在能够增加水分入渗，显著减少径流和泥沙的现象相矛盾；但这一结论却与 Jin 等（2009）提出的低覆盖度会产生比裸坡更多的产沙量相类似。综合分析可知，这与整个系统径流加速范围内的水动力过程以及水蚀过程有关。草带布设位置相对靠上，可以为径流提供足够的加速空间，当径流进入沟道时，径流更为集中，径流流速较裸坡相比进一步增加。

3.2　不同植被格局条件下径流阻力时空变化

径流在坡面流动过程中会受到各种阻力的影响。本试验中的坡面径流属于薄层水流范畴，水深较浅，受地表糙度及植被影响非常明显。目前，关于坡面径流阻力的研究中，通常采用 Darcy-Weisbach 系数来反映坡面径流在流动过程中所受阻力的影响程度（Abrahams and Li，1998）。植被可以通过增大地表的径流阻力，以起到减缓径流流速，阻隔径流，增强入渗的作用。然而，由于草带种植位置不同，改善径流阻力的效果亦不相同。本书综合分析植被格局（植被空间位置）对 Darcy-Weisbach 阻力系数的影响。Darcy-Weisbach 阻力系数计算公式如下（Lawrence，2000）：

$$f = \frac{8gRJ}{V^2} \tag{3-1}$$

式中，g 为重力加速度，取 9.8m²/s；R 为水力半径，本试验为薄层水流，用水深值代替，

m；J 为水力能坡，取坡面坡度 α 的正切值；V 为径流平均流速，m/s。

3.2.1　裸坡条件下径流阻力时空变化

Darcy-Weisbach 阻力系数的时空变化特征是研究植被格局对径流阻力影响的一个重要参照指标。图 3-5 展示了裸坡条件下 Darcy-Weisbach 阻力系数的时空变化特征。从图 3-5（a）可以看出，随着冲刷历时的增加，不同过水断面位置处的径流阻力基本保持不变。由图 3-5（b）可以看出，径流阻力在第 2 过水断面达到最大而在第 8 过水断面为最小；径流阻力随着草带与坡顶距离的增加呈现出先减小后增大的趋势。沟道范围内的径流阻力系数在 0.010～0.051 范围内波动，其变异系数为 49.5%；而在坡面范围内的径流阻力系数在 0.003～0.056 范围内波动，其变异系数为 56.3%。因此，径流阻力在坡面范围内的波动较沟道更为剧烈。

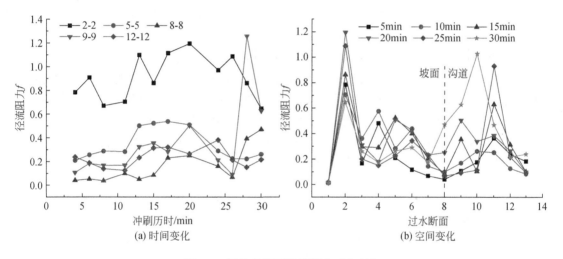

图 3-5　裸坡条件下径流阻力时空变化

3.2.2　植被格局对径流阻力的影响

草带的布设会在一定程度上增加下垫面的径流阻力，径流阻力的时空变化也会随着草带位置的变化而改变。

1. 不同植被格局条件下径流阻力的时间变化

图 3-6 为不同植被格局下坡沟系统第 9 和第 13 过水断面处的径流阻力随冲刷历时的变化曲线。从图 3-6 中可以看出，各个植被格局条件下的径流阻力明显增加，说明草带可以增加坡沟系统的地表粗糙度，以增加径流阻力。不同植被格局条件下径流阻力差异较大，说明植被格局对径流阻力有一定的影响。在试验条件下，径流阻力最大值出现在植被格局 D 和植被格局 C 条件下，尤其在坡沟系统出口位置处更是如此。不同过水断面位置处径流阻力均是随着冲刷历时的延长而逐渐增加，尤其在冲刷历时 20min 后，径流阻力开始大幅度增加。

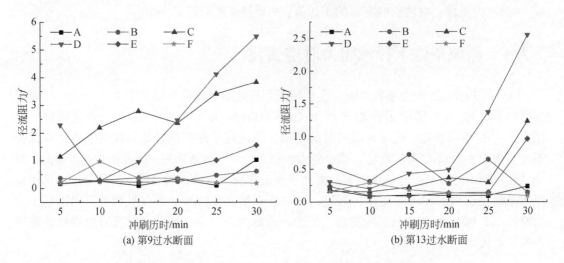

(a) 第9过水断面　　　　　　　　　　(b) 第13过水断面

图 3-6　不同植被格局条件下不同过水断面径流阻力时间变化

2. 不同植被格局条件下径流阻力的空间变化

图 3-7 为不同植被格局条件下径流冲刷第 15min 和第 25min 时径流阻力的空间变化曲线。从图 3-7 中可以看出，径流阻力随着草带与坡顶距离的增加呈现波动趋势；径流阻力在坡面第 2 过水断面至第 6 过水断面范围内以及在沟道第 9 过水断面至第 12 过水断面范围内出现峰值。径流阻力在植被格局 C 和植被格局 D 条件下达到最大，说明草带布设在距离坡顶 4~5m 时，其对地表径流阻力的改善效果最好。

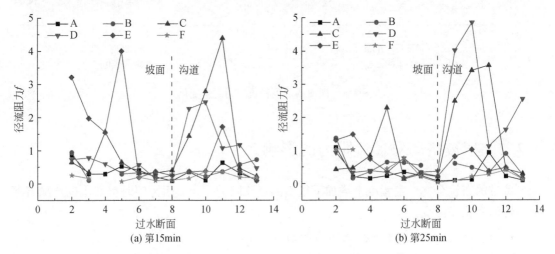

(a) 第15min　　　　　　　　　　　　(b) 第25min

图 3-7　不同植被格局条件下不同时刻径流阻力空间变化

3. 植被布设位置与径流阻力的关系

图 3-8 展示了径流阻力和草带布设位置与坡顶距离的关系。从图 3-8 中可以看出，径流阻力随着草带与坡顶距离的增加呈现出先增加后减小的趋势。当草带布设在距离坡顶 4~5m（植被格局 C 和植被格局 D）时，径流阻力达到试验范围内的最大值，与裸坡

时的情况相比增加了 4 倍之多，植被格局 C 和植被格局 D 对坡沟系统中的径流阻力的影响最大。

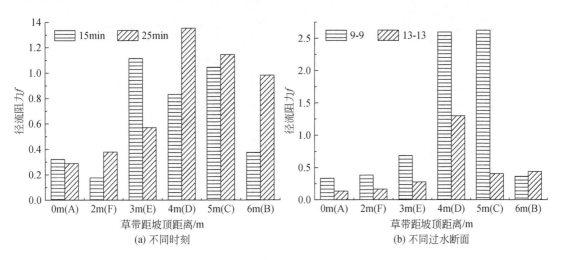

图 3-8 不同时刻不同过水断面条件下植被格局对径流阻力的影响

3.3 不同植被格局条件下径流剪切力时空变化

在径流沿坡沟系统向下流动过程中，水流会在运动方向上对土壤表面产生一个作用力，称为径流剪切力。径流剪切力可冲刷土壤、破坏土壤原有结构、分散土壤颗粒，会将分散的土壤颗粒或土壤颗粒团混合于水流自身之中并随水流一起运动、输移。Foster 等（1984）提出的径流剪切力计算公式如下：

$$\tau = \gamma R S_f \tag{3-2}$$

式中，τ 为径流剪切力，Pa；γ 为水流容重，kg/m³；R 为径流水力半径，本试验中近似取水深值，m；S_f 为水力能坡，取坡面坡度 α 的正切值（Foster et al., 1984）。

3.3.1 裸坡条件下径流剪切力的时空变化

本书计算了第 2、第 5、第 8、第 9、第 13 过水断面位置处的径流剪切力值，并绘成了各个过水断面径流剪切力随时间的变化曲线，如图 3-9（a）所示。同时，计算了产生径流后第 5min、第 10min、第 15min、第 20min、第 25min、第 30min 时的径流剪切力值，绘成不同时刻径流剪切力的空间变化曲线，如图 3-9（b）所示。

从图 3-9（a）可以看出，在不同过水断面位置处，随着冲刷历时的增加，径流剪切力基本保持稳定。从图 3-9（b）可以看出，径流剪切力在第 2 过水断面达到最大，在第 8 过水断面为最小，且径流剪切力随着草带与坡顶距离的增加呈现出先减小后增大的趋势。根据试验实际观测结果，在第 2 过水断面的土壤侵蚀程度最为严重。沟道范围内的径流剪切力在 0.010～0.051 范围内波动，其变异系数为 49.5%；而坡面范围内径流剪切力在

0.003～0.056 范围内波动，其变异系数为 56.3%。因此，径流剪切力在坡面范围内的波动较沟道时更为剧烈。

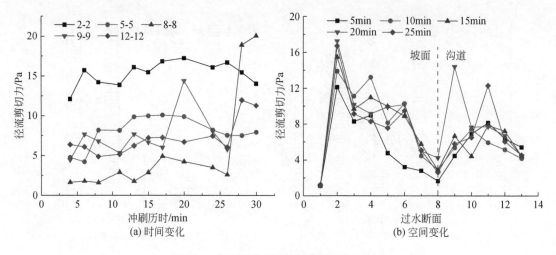

图 3-9　裸坡条件下径流剪切力时空变化

3.3.2　植被格局对径流剪切力的影响

在坡沟系统的坡面种植草带后，径流在流动过程中会遇到植被阻隔，径流剪切力会随着植被格局的不同而发生不同程度的变化。

1. 不同植被格局条件下径流剪切力的时间变化

不同植被格局条件下坡沟系统第 9 和第 13 过水断面位置处径流剪切力随冲刷时间的变化过程线如图 3-10 所示。

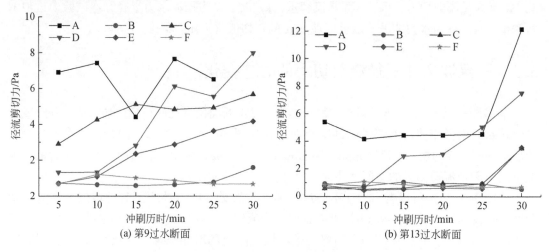

图 3-10　不同植被格局条件下不同过水断面径流剪切力时间变化

由图 3-10 可以看出,坡沟系统种植草带后,径流剪切力大幅度减小,表明植被能有效地减缓径流冲刷对坡面土壤的分离作用,同时植被格局不同,径流剪切力的降低幅度亦不相同。以植被格局 A(裸坡)为基准,不同植被格局条件下径流剪切力平均值的降低幅度如表 3-1 所示。根据表 3-1 的结果可知,植被格局 B 和植被格局 F 的径流剪切力降低幅度最大,与裸坡情况相比降低幅度达到 85% 以上。

表 3-1　不同植被格局条件下不同断面径流剪切力降低幅度　　　(单位:%)

过水断面	植被格局				
	B	C	D	E	F
9-9	87.4	29.8	36.4	62.5	87.1
13-13	85.7	79.5	43.5	81.2	85.9

2. 不同植被格局条件下径流剪切力的空间变化

图 3-11 为不同植被格局条件下坡沟系统出口径流产生后第 15min 和第 25min 时径流剪切力的空间变化曲线。由图 3-11 可以看出,径流产生后的第 15min 和第 25min 时,不同植被格局条件下的径流剪切力均随着草带与坡顶之间距离的增加呈现出一定程度的波动趋势,且与裸坡条件下的径流剪切力变化趋势相似;对于所有植被格局而言,沟道范围内的径流剪切力平均值明显大于坡面,沟道范围内的径流剪切力的降幅均小于坡面。由图 3-11可以看出,草带的布设均显著降低了径流剪切力,尤其在植被格局 B 和植被格局 F 条件下更是如此,表明这两种植被格局起到了较强的保护土壤的作用。

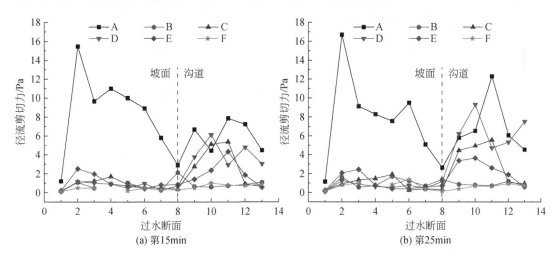

图 3-11　不同植被格局条件下不同时刻径流剪切力空间变化

以植被格局 A(裸坡)为基准,本书计算了不同植被格局条件下在坡沟系统出口径流产生后第 15min 和第 25min 时的径流剪切力平均值的减少幅度,如表 3-2 所示。从表 3-2可以看出,不同植被格局条件下的径流剪切力降低幅度几乎均在 70% 以上,其中以植被格局 F 降低幅度最大,降低幅度分别为 93% 和 91%。

表 3-2　不同植被格局条件下不同时刻径流剪切力降低幅度　　　　（单位:%）

时间/min	植被格局				
	B	C	D	E	F
15	89.3	77.9	72.6	80.3	93.0
25	87.1	75.2	59.2	79.4	91.0

3. 植被布设位置与径流剪切力的关系

图 3-12 展示了径流剪切力和草带布设位置与坡顶距离的关系。从表 3-12 可以看出，径流剪切力随着草带与坡顶距离的增加呈现出先增加后减小的趋势。草带布设在距离坡顶 2m 和 6m（植被格局 B 和植被格局 F）时，径流剪切力最小。因此，植被格局 B 和植被格局 F 更能够有效地降低径流剪切力，削弱径流对土壤的分离和输移作用。

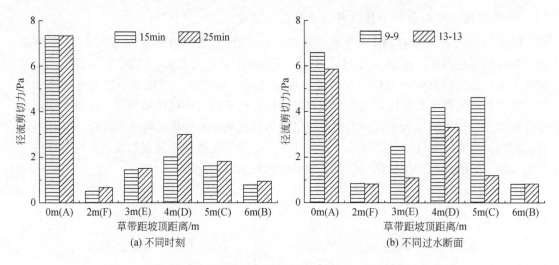

图 3-12　不同时刻不同过水断面条件下植被格局对径流剪切力的影响

3.4　不同植被格局条件下径流功率时空变化

径流功率代表具有一定高度的水体沿坡运动时所具有的能量。由 Bagnold（1966）首次提出水流功率的概念，即作用于单位面积的水流所消耗的功率，其表达式如下：

$$\omega = \gamma q S = \gamma h V S = \tau V \tag{3-3}$$

式中，ω 为径流功率，N/(m·s)；q 为单宽流量，m³/(m·min)；h 为过水断面平均水深，m；τ 为径流剪切力，N；V 为径流平均流速，m/s；S 为地面坡度正切值。

3.4.1　裸坡条件下径流功率的时空变化

裸坡格局条件下径流功率的时空变化特征是分析植被格局对径流功率影响的一个重要

参照基础。本书计算了在径流产生后的第5～25min时坡沟系统径流功率值,绘成了不同时刻下径流功率的空间变化曲线,如图3-13(a)所示。同时计算了坡沟系统中第2、第5、第8、第9、第12过水断面位置处的径流功率值,绘制了不同过水断面的径流功率随时间的变化曲线,如图3-13(b)所示。

从图3-13(a)可以看出,在坡沟系统中,随着冲刷历时的延续,各个过水断面位置的径流功率基本保持不变。试验后期,沟道范围内的径流功率有所增加。从图3-13(b)可以看出,坡面和沟道范围内的径流功率均呈现出先增大后减小的趋势,在坡面范围内的第2～4过水断面和沟道范围内的第9、第10过水断面的径流功率分别达到峰值,表明在这些位置径流对下垫面造成的土壤侵蚀作用最为严重。坡面的最后一个过水断面(第8过水断面)的径流功率最小,即径流对坡面底部产生的土壤侵蚀作用最弱。从图3-13(b)可以看出,坡面范围内的径流功率整体高于沟道范围。

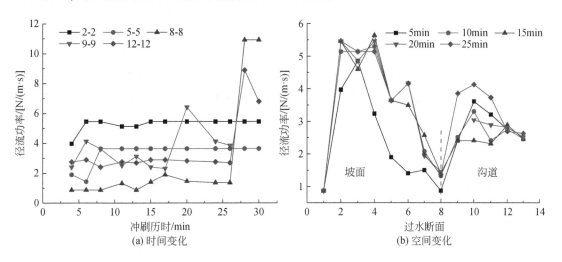

图3-13　裸坡条件下径流功率时空变化

3.4.2　植被格局对径流功率的影响

当布设草带以后,径流在运动过程中遇到草带阻隔,径流功率部分会有消耗;但不同配置方式对径流功率的作用有所区别。在此本书分析了不同植被格局条件下,径流功率的时空变化特征。

1. 不同植被格局条件下径流功率的时间变化

图3-14为不同植被格局下坡沟系统第9过水断面和第13过水断面位置处径流功率随冲刷历时延续的变化曲线。

从图3-14可以看出,不同植被格局条件下坡沟系统不同过水断面位置处的径流功率均有大幅度降低,但降低幅度有所不同,表明不同植被格局对径流功率产生不同程度的影响。以植被格局A(裸坡)为基准,计算了其他植被格局条件下第9、第13过水断面位置处径流功率的降低幅度。结合图3-13和表3-3可知,各个植被格局条件下的径流功率均有

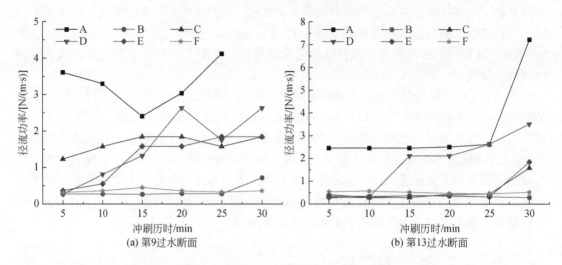

图 3-14　不同植被格局条件下不同过水断面径流功率时间变化

大幅降低，其降低幅度依次为：B>F>E>C>D，表明植被格局 B 条件下的径流功率的降低幅度达到最大，即将草带布置在距离坡顶 6m 处时，植被对径流侵蚀能量的削弱作用越大，可达 89% 以上。

表 3-3　不同植被格局条件下不同过水断面径流功率降低幅度　　　（单位：%）

过水断面	植被格局				
	B	C	D	E	F
9-9	89.4	49.8	52.4	60.7	89.0
13-13	89.9	83.2	44.5	81.8	84.5

2. 不同植被格局条件下径流功率的空间变化

图 3-15 为不同植被格局条件下坡沟系统产生径流后第 15min 和第 25min 时径流功率的空间变化曲线。从图 3-15 中可以看出，第 15min 和第 25min 时，随着坡顶与草带距离的逐渐增加，不同植被空间配置下坡面和沟道范围内的径流功率均表现出先增大后减小的趋势，径流功率最小值出现在坡面最后一个过水断面即第 8 过水断面。与裸坡情况基本一致，沟道范围内的径流功率降低幅度均较小，可见植被降低径流功率的调控范围主要集中作用于坡面。草带的存在大幅度降低了径流功率，对土壤保护起到了很大作用，特别是在植被格局 B 和植被格局 F 的情况下效果更好。

以植被格局 A（裸坡）为基准，计算了其他植被格局条件下坡沟系统产生径流后第 15min 和第 25min 时径流功率的降低幅度。结合表 3-4 和图 3-15 可以看出，各个植被格局条件下的径流功率降低幅度均在 70% 以上。植被格局 B 和植被格局 F 条件下的径流功率的降低幅度最大，达到 92% 以上。

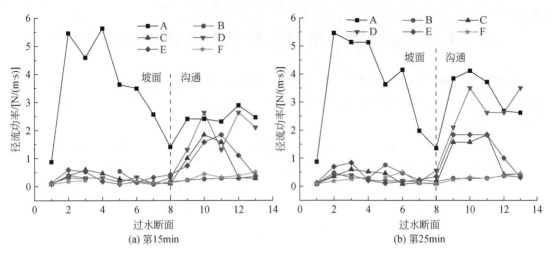

图 3-15　不同植被格局条件下不同时刻径流功率空间变化

表 3-4　不同植被格局条件下不同时刻径流功率降低幅度　（单位：%）

时间/min	植被格局				
	B	C	D	E	F
15	91.7	82.0	70.1	79.9	92.2
25	90.2	81.7	62.9	78.6	92.2

3. 植被布设位置与径流功率的关系

图 3-16 展示了径流功率和草带布设位置与坡顶距离的关系。从图 3-16 中可以看出，随着草带与坡顶距离的增加，径流功率呈现先增加后减小的趋势，其变化趋势同径流剪切力的变化趋势一致。草带布设在距坡顶 2m 和 6m（植被格局 B 和植被格局 F）时，径流功率最小。因此，植被格局 B 和植被格局 F 能够更好地削弱径流功率，降低径流顺坡流动的潜在能量，达到控制土壤侵蚀的作用。

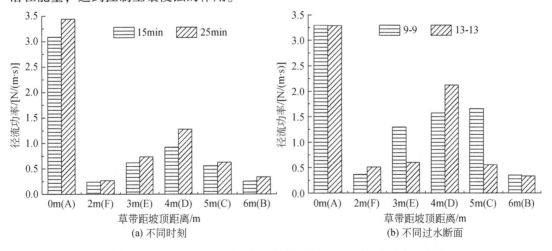

图 3-16　不同时刻不同过水断面条件下植被格局对径流功率的影响

3.5　不同植被格局条件下侵蚀输沙特征

上述各节分析了在冲刷试验过程中不同植被格局条件下坡沟系统的各个水动力参数的变化特征。本节主要分析在冲刷试验过程中不同植被格局条件下坡沟系统径流与侵蚀产沙的特征与差异情况。

本书计算了不同植被格局条件下坡沟系统放水冲刷试验的径流总量和侵蚀产沙总量，如图 3-17 所示。从图 3-17 可以看出，在放水冲刷试验情况下，坡沟系统布设植被后的侵蚀产沙量和径流量均有不同程度的降低，说明植被起到了一定的蓄水减沙的水土保持功效。随着草带位置和坡顶距离的逐渐增加，径流量和产沙量基本呈现先增加后减小的趋势，仅在植被格局 D 条件下产沙量存在一定的波动。

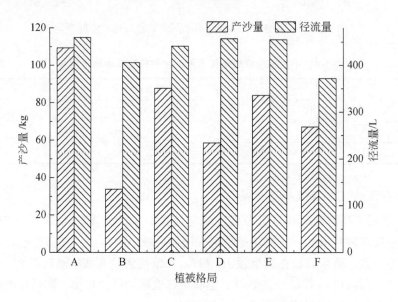

图 3-17　不同植被格局条件下径流产沙总量

为了进一步比较与分析不同植被格局调控径流、泥沙作用的强弱，本书以裸坡条件（植被格局 A）为基础，计算了各个植被格局的蓄水减沙效益，如表 3-5 所示。从表 3-5 可以看出，在放水冲刷试验条件下，各个植被格局下的坡沟系统径流量和泥沙量均有不同程度的降低，植被的布设起到了一定的蓄水减沙的作用。就径流总量而言，不同植被格局条件下的蓄水效益大小依次为：F>B>C>E>D，即坡面上部>坡面下部>坡面中下部>坡面中上部>坡面中部。就产沙总量而言，不同植被格局的减沙效益大小依次为：B>D>F>E>C，即坡面下部>坡面中部>坡面上部>坡面中上部>坡面中下部。

表 3-5　不同植被格局条件下冲刷试验的蓄水减沙效益计算结果　　（单位:%）

植被格局	B	C	D	E	F
蓄水效益	11.71	3.95	0.51	0.94	19.07

续表

植被格局	B	C	D	E	F
减沙效益	69.02	19.80	46.48	23.14	38.53

注：蓄水效益是由植被格局 A 下的径流量与植被格局 B、C、D、E 或 F 下的径流量的差值与植被格局 A 下的径流量相比求得；减沙效益是由植被格局 A 下的产沙量与植被格局 B、C、D、E 或 F 下的产沙量的差值与植被格局 A 下的产沙量相比求得。

总体来说，就植被蓄水效益而言，试验范围内的各个植被格局的蓄水效益均处于较低水平，说明植被对减少径流的作用均较弱；尤其是植被格局 C、D、E 条件下的蓄水效益还不足 5%。相反各个植被格局条件下的减沙效益明显好于蓄水效益，最小值为 19.80%，峰值高达 69.02%。结果表明，相比蓄水减沙效益而言，草带具备更好的直接拦沙的水土保持功效，这与前期的研究结论一致（Zhang et al., 2014）。综合比较减沙效益数值，植被位于坡面底部能够发挥较好的直接拦沙的水土保持功效。同时值得注意的是，不同植被格局条件下的径流量和产沙量均表现出随着草带布设位置与坡顶距离的逐渐增加呈现先增加后减少的趋势；这与上述各个水动力参数的变化特征基本一致，说明植被对径流和侵蚀产沙的调控作用是通过对水蚀动力过程的调控得以实现的。在植被对水蚀动力过程调控中，尽管各个植被格局条件下的径流量变化不大即蓄水效益较小，植被减少径流的作用较弱；但植被的介入在不同程度上增加了径流阻力，减少了径流流速、径流剪切力以及径流功率，在一定程度上分散与消减了径流侵蚀能量，最终实现了对侵蚀产沙的调控作用。

3.6 不同植被空间配置方式对水蚀动力过程调控机理

在裸坡条件下，径流平均流速随着冲刷历时的延长呈现出先减小后增大的趋势。沟道范围内的径流平均流速基本大于坡面且空间变化呈波动状态。径流侵蚀最为严重的部位发生在坡沟系统中的第 2 和第 10 过水断面。种植植被后，依靠合适位置的草带布设，径流平均流速均有不同程度的降低，说明植被起到了较好的减缓径流流速的作用。除植被格局 B 和植被格局 C 外，径流平均流速在坡沟系统出口（第 13 过水断面）基本没有降低，可见就降低系统出口径流流速而言，植被格局 B 和植被格局 C 的调控效果较好，而其他植被格局对径流流速的调控范围有限，这与草带下方与坡沟系统出口相连的裸坡长度有关。总体来说，坡面布设植被后，径流平均流速均随着草带与坡顶距离的增加呈现先增加后减小的趋势。草带距坡顶 5~6m 时（植被格局 B 和植被格局 C），径流平均流速最小，即植被格局 B 和植被格局 C 减缓径流的效果最好，降低幅度可达 22%。

在裸坡条件下，不同过水断面位置处的径流阻力 f 随着冲刷历时的增加基本保持不变。f 最大值出现在第 2 过水断面，最小值出现在第 8 过水断面，反映出 f 随着过水断面距坡顶距离的逐渐增加呈现出先减小后增大的趋势。坡面范围内的 f 的波动剧烈程度要大于沟道。当种植植被后，下垫面粗糙度在草带的作用下得以大幅度增加，使得各个植被格局条件下的 f 均有不同程度的增加，但不同格局条件下的 f 差异较大。不同断面处的 f 均随着冲刷历时的延长而逐渐增加；同时 f 随着草带与坡顶距离的逐渐增加呈现出先增加后减小的趋势。每种植被布设格局均对 f 产生一定的影响，尤其在植被格局 C 和植被格局 D 条

件下的 f 与裸坡相比增加了 4 倍，达到试验范围内的峰值。

在裸坡条件下，径流剪切力 τ 的空间变化特征与 f 的变化趋势一致，即不同过水断面位置处的 τ 随着冲刷历时的增加基本保持不变。坡面范围内的 τ 的波动剧烈程度要大于沟道。当种植植被后，径流剪切力大幅度减小，降低幅度基本在 70% 以上；径流剪切力随着草带与坡顶之间距离的逐渐增加呈现出先增加后减小的趋势。植被格局不同，则 τ 的减少程度差异较大。其中植被格局 B 和植被格局 F 条件下的降低程度最大。草带距坡顶 2m 和 6m 位置布设（植被格局 B 和植被格局 F）时，径流剪切力最小，与裸坡相比，降低幅度高达 90%。因此，植被通过降低径流剪切力来有效减少径流冲刷对土壤的分离能力，起到降低径流对土壤的分离和输移作用。

裸坡条件下，坡沟系统范围内的径流功率 ω 均呈现先增大后减小的趋势，其峰值分别出现在第 2、第 4 和第 9、第 10 过水断面位置处，表明在这 4 处过水断面上径流能量消耗最大，对下垫面造成的侵蚀作用最强，土壤侵蚀也最为严重。相反，在第 8 过水断面上即坡面最后一个断面，ω 达到最低，表明此处土壤侵蚀最轻微。坡面范围内的径流功率整体高于沟道，不同断面位置的径流功率随冲刷历时的延长基本保持不变。当种植草带后，在不同冲刷时刻下，ω 随着草带距离坡顶位置的逐渐增加呈现出先增加后减小的趋势，这种变化趋势同径流剪切力的变化情况类似，ω 最小值出现在第 8 过水断面。总体来说，与裸坡相比，各个植被格局条件下的径流功率均有大幅降低，降低幅度基本在 70% 以上。然而，沟道范围内的径流功率降低幅度较小，与裸坡情况基本一致，因此植被主要在坡面部分对径流能量有减少作用。当草带布设在距离坡顶 2m 和 6m（植被格局 F 和植被格局 B）时，径流功率达到试验范围内的最小值，降低幅度达到 92%。将草带布设在这些位置，草带能有效削弱径流功率和径流顺坡流动时的潜在能量，从而起到削弱土壤侵蚀的作用，具有较好的水土保持功效。

相比蓄水减沙效益而言，草带更具备较好的直接拦沙的水土保持功效。当草带布设在距离坡顶 6m（植被格局 B）时，减沙效益为 69%，达到试验范围内最高值。说明植被布设于坡面底部时，草带的直接拦沙水土保持功效最大。同时，不同植被格局条件下的径流量和产沙量均随着草带位置距坡顶位置的逐渐增加呈现先增加后减少的趋势，与各水动力参数的变化特征基本一致，说明植被通过调控水蚀动力过程以实现对径流和侵蚀产沙的调控作用。在植被对水蚀动力调控过程中，尽管各个植被格局条件下的径流量变化不大，其蓄水效益较小，植被减少径流的作用较弱；但由于植被的存在不同程度上增加了径流阻力，减少了径流流速、径流剪切力以及径流功率，在一定程度上改变了水动力参数的分布特征，植被配置方式发挥出对径流侵蚀能量的分散与消减作用，从而实现了对坡沟系统侵蚀产沙的调控作用。

3.7　小　　结

本书以坡沟系统为研究对象，以坡沟系统物理模型为载体，采用室内上方来水冲刷试验，探讨不同植被空间配置方式下，坡沟系统侵蚀输沙特征与水动力参数的动态变化过程，阐明坡沟系统径流侵蚀产沙过程特征和水动力过程对植被格局差异的响应机制，揭示径流冲刷条件下，坡沟系统植被空间配置对侵蚀输沙及水动力过程的作用机理。小结如下：

（1）在裸坡条件下，随着冲刷历时的逐渐增加，径流平均速度呈现出先减小然后增加的态势；而其他水动力参数在各个过水断面上，随着时间的延续基本保持稳定。径流流速呈现出极强的空间波动。随着过水断面与坡顶距离的逐渐增加，呈现出先减小而后增大的空间趋势，导致系统侵蚀最为严重的部位出现在坡面和沟道上部。坡面布设植被后，径流平均流速均随着草带与坡顶距离的增加呈现先增加后减小的趋势，导致下垫面侵蚀最为严重的部位出现在坡面上部和沟道上部。沟道范围内的径流平均流速总体上大于坡面，而径流功率则恰恰相反。

（2）当草带距坡顶 5~6m 种植时，即植被格局 B 和植被格局 C 条件下，径流平均流速处于所有植被格局的最低水平，径流流速降低 22% 左右，即植被格局 B 和植被格局 C 减缓流速的效果最好。植被格局 C 和植被格局 D 条件下的径流阻力达到试验范围内峰值，比裸坡条件增加了 4 倍之多。不同植被空间配置方式下，径流功率和径流剪切力的降低幅度差异较大；植被格局 B 和植被格局 F 条件下的草带布设，可以最大限度地降低径流剪切力和径流功率，降低幅度可达 90% 和 92%，说明这两种植被格局条件下布设的草带能够最大限度地削弱径流对土壤的分离和输移作用。

（3）各个植被格局条件下的减沙效益明显好于蓄水效益，说明草带相比蓄水减沙效益而言，更具备较好的直接拦沙的水土保持功效。当草带距离坡顶 6m（植被格局 B）布设时，蓄水效益仅为 12%，减沙效益为 69%。说明植被位于坡面底部，布设位置较为合理，调控作用最佳，能够较好地发挥植被固有的直接拦沙的水土保持功效。不同植被格局条件下的径流量和产沙量均表现出随着草带位置距坡顶位置的逐渐增加，呈现出先增加后减少的趋势；这与上述各个水动力参数的变化特征基本一致，说明植被对径流和侵蚀产沙的调控作用是通过对水蚀动力过程的调控得以实现的。

（4）综合对比各个植被格局对水动力参数以及对径流和侵蚀产沙的影响，当将草带布设于坡面长度 60%~80% 位置处时，草带布设位置合理，对各水动力参数和产沙量的影响作用最大。说明草带种植于坡面底部位置（植被格局 B）时，可以通过增加下垫面地表粗糙度和径流阻力，降低径流速度和径流剪应力，达到有效削弱径流对坡沟系统侵蚀的作用。以此，这种格局下的草带可以依靠合适的位置，能够有效降低坡沟系统中径流流速，减缓径流冲刷对表层土壤的分离能力，减少径流功率，有效降低径流顺坡流动的潜在能量，从而最大限度地减少侵蚀产沙量。因此，合理的植被配置可以用来对抗水土流失，达到控制土壤侵蚀的作用，并实现更好的水土保持功效。有助于进一步加深对植被、冲刷与水蚀动力过程之间耦合关系的理解。

（5）水沙关系的角度考虑，虽然各个植被格局条件下的草带布设对减少径流的作用很弱，蓄水效益较差，草带更具有直接拦沙的水土保持功效。水蚀动力的角度考虑，不同植被条件下的径流量和产沙量均表现出随着草带位置距坡顶位置的逐渐增加，呈现出先增加后减少的趋势；与各个水动力参数的变化特征基本一致，说明植被通过调控水蚀动力过程，实现了对径流和侵蚀产沙的调控作用。在此调控过程中，植被的空间配置方式改变了各个水动力参数时间、空间变化特征，从而实现了对水蚀动力过程起重要调控作用。因此，植被能够起到分散和消减径流侵蚀能量的作用，潜移默化地调控了侵蚀产沙过程。

（6）坡沟系统在冲刷试验条件下，不同植被格局条件下的侵蚀产沙特征和对应条件下的降雨试验的侵蚀产沙特征存在一定的差异。说明在实际的冲刷和降雨过程中，表现出不同的侵蚀产沙特征，在后续的研究工作中还需要继续展开深入的研究。

参 考 文 献

胡春宏，张晓明. 2019. 关于黄土高原水土流失治理格局调整的建议. 中国水利，23：5-7.

焦菊英，王万忠. 2001. 人工草地在黄土高原水土保持中的减水减沙效益与有效盖度. 草地学报，9（3）：176-181.

刘国彬，上官周平，姚文艺，等. 2017. 黄土高原生态工程的生态成效. 中国科学院院刊，32（1）：11-19.

刘晓燕. 2016. 黄河近年水沙锐减成因. 北京：科学出版社.

王光谦，钟德钰，吴保生. 2020. 黄河泥沙未来变化趋势. 中国水利，1：9-12.

Abrahams A D, Li G. 1998. Effect of saltating sediment on flow resistance and bed roughness in overland flow. Earth Surface Processes and Landforms, 23 (10): 953-960.

Antonello A, Maria A, Filomena C. 2015. Remote sensing and GIS to assess soil erosion with RUSLE3D and USPED at river basin scale in southern Italy. Catena, 131: 174-185.

Bagnold R. 1966. An approach to the sediment transport problem from general physics. US Geological Survey Professional Paper, 422 (1): 231-291.

Foster G R, Huggins L F, Meyer L D. 1984. A Laboratory Study of Rill Hydraulics: II. Shear Stress Relationships. Transactions of the ASAE, 27 (3): 797-804.

Fu B J, Liu Y, Lü Y, et al. 2011. Assessing the soil erosion control service of ecosystems change in the Loess Plateau of China. Ecological Complexity, 8 (4): 284-293.

Fu W, Huang M, Gallichand J, et al. 2012. Optimization of plant coverage in relation to water balance in the Loess Plateau of China. Geoderma, 173-174 (1): 134-144.

García-Ruiz J M, Lana-Renault N, Begueria S, et al. 2010. From plot to regional scales: interactions of slope and catchment hydrological and geomorphic processes in the Spanish Pyrenees. Geomorphology, 120 (3-4): 248-257.

Hu C. 2020. Implications of water-sediment co-varying trends in large rivers. Science Bulletin, 65: 4-6.

Jin K, Cornelis W M, Gabriels D, et al. 2009. Residue cover and rainfall intensity effects on runoff soil organic carbon losses. Catena, 78 (1): 81-86.

Lawrence D. 2000. Hydraulic resistance in overland flow during partial and marginal surface inundation: experimental observations and modeling. Water Resources Research, 36 (8): 2381-2393.

Nadal-Romero E, Regüés D. 2009. Detachment and infiltration variations as consequence of regolith development in a Pyrenean badland system. Earth Surface Processes and Landforms, 34 (6): 824-838.

Nadal-Romero E, Lasanta T, Regüés D, et al. 2011. Hydrological response and sediment production under different land cover in abandoned farmland fields in a Mediterranean mountain environment. Boletíndde la Asociación de Geógrafos Españoles, 201 (55): 303-323.

Nearing M A, Bradford J M, Parker S C. 1991. Soil detachment by shallow flow at low slopes. Soil Science Society of America Journal, 55 (2): 339-344.

Pan C Z, Shangguan Z P. 2006. Runoff hydraulic characteristics and sediment generation in sloped grassplots under simulated rainfall conditions. Journal of Hydrology, 331 (1): 178-185.

Pan C Z, Shangguan Z P. 2007. The effects of ryegrass roots and shoots on loess erosion under simulated rainfall. Catena, 70 (3): 350-355.

Wang B, Zhang G H, Shi Y Y, et al. 2014. Soil detachment by overland flow under different vegetation restoration models in the Loess Plateau of China. Catena, 116 (5): 51-59.

Zhang G H, Liu B Y, Nearing M A, et al. 2002. Soil detachment by shallow flow. Transactions of the Asae American Society of Agricultural Engineers, 45 (2): 351-357.

Zhang G H, Liu B Y, Liu G B, et al. 2003. Detachment of undisturbed soil by shallow flow. Soil Science Society of America Journal, 67 (3): 713-719.

Zhang X, Zhang L, Zhao J, et al. 2008. Responsesof stream flow to changes in climate and land use/cover in the Loess Plateau, China. Water Resources Research, 447: W00A07.

Zhang X, Yu G Q, Li Z B, et al. 2014. Experimental study on slope runoff, erosion and sediment under different vegetation types. Water Resources Management, 28 (9): 2415-2433.

Zhang X, Li P, Li Z B, et al. 2018. Effects of precipitation and different distributions of grass strips on runoff and sediment in the loess convex hillslope. Catena, 162: 130-140.

Zhou Z C, Shangguana Z P, Zhao D. 2006. Modeling vegetation coverage and soil erosion in the Loess Plateau Area of China. Ecological Modelling, 198 (1): 263-268.

4 植被格局对坡沟系统侵蚀产沙调控作用试验研究

土壤侵蚀是世界范围内复杂而又严重的生态环境问题（De et al.，2009；Portenga and Bierman，2011；Xu et al.，2017）。我国黄土区是全球范围内黄土厚度最大和分布面积最广的区域，尤其在黄土丘陵区，地形破碎复杂，土壤抗侵蚀能力较弱，降雨多以暴雨形式降落，土壤侵蚀严重且植被有限，导致该地区生态脆弱，因此该区是泥沙进入黄河的主要源区（Li et al.，2009）。坡沟系统是构成黄土高原地区最重要的组成部分，其侵蚀主要包括三大过程：降雨与径流引发的土壤颗粒分散、剥离，泥沙输移以及泥沙沉积。这三个过程之间并非相互独立，而是相互联系、相互转化、相互影响，研究和分析这些过程的影响与转化机理是揭示植被调控侵蚀作用机制的关键（刘晓燕，2016；刘国彬等，2017；胡春宏和张晓明，2019；王光谦等，2020；Hu，2020）。

植被措施是水土保持的三大措施之一，植被具有削减和降低降雨侵蚀，增加降雨入渗，减少径流、流速，提高土壤的抗冲性与抗蚀性以及固土护坡的功效。由于黄土高原地区水资源极其匮乏，恢复和重建植被措施成为生态环境建设的最佳选择和重要部分（侯庆春等，1996，1999；张殿发和卜建民，2000；闵庆文和余卫东，2002）。因此，在黄土高原地区开展植被调控侵蚀产沙的作用机制，对于准确评估植被减蚀效果、解决目前水土保持植被措施的优化布局、加速区域生态环境整治（Fu et al.，2000；García-Ruiz et al.，2010）和减少入黄泥沙等具有重要的科学和现实意义（刘晓燕，2016；刘国彬等，2017；胡春宏和张晓明，2019；王光谦等，2020；Hu，2020）。

许多研究表明，植被具有蓄水减沙功能，也是有效的水土保持方法（陈永宗等，1988；潘成忠和上官周平，2005；Zhou et al.，2006）。然而，由于黄土高原区水资源承载力有限，仅能够维持一定数量的植被，种植过量的植被会导致土壤干燥（形成土壤干层），并对土壤水文条件造成不利的影响（Zhou et al.，2016）。合理的植被调控结构可有效改善土壤性质，减少和防止水土流失（Fu et al.，2000），而不合理的植被结构会导致严重的水土流失（Li et al.，2008）。因此，优化坡沟系统有限的植被配置，实现最有效的水土流失调控是治理水土流失的关键。

黄土高原植被侵蚀产沙调控作用研究历史悠久，并且取得了许多进展。然而，由于侵蚀产沙领域问题的复杂性，研究手段和测量技术的限制，关于坡沟泥沙来源的定量识别与计算一直限制着坡沟系统侵蚀研究发展（刘晓燕，2016；刘国彬，2017；胡春宏和张晓明，2019；王光谦等，2020；Hu，2020）。同时，国内外学者对植被减蚀效应的研究仍处于定性的经验分析阶段，对植被拦截水沙过程以及对径流侵蚀产沙的作用机制的研究较少（潘成忠和上官周平，2005）。现有的研究大多数集中在坡面侵蚀产沙的特征和规律；对于整个坡沟系统的植被格局对侵蚀产沙的影响却鲜有研究（Benito et al.，2003；Pan and Shangguan，2006）。另外，虽然研究者关于黄土高原地区植被空间配置和降雨对土壤侵蚀的影响已经开展了广泛的研究，但由于缺乏足够可靠的观测资料以及影响因素之间复杂的相互作用还未定量化，因此侵蚀特征和植被对土壤侵蚀的影响机制仍很难理解（Pan and Shangguan，2007）。甚至更少有研究关注不同植被分布的调控作用机制和水土保持功效方面的差异（Benito et al.，2003；Pan and Shangguan，2006；García-Ruiz et al.，2008）。因此，开展黄土高原坡沟系统的植被空间配置对土壤侵蚀产沙过程的作用机理研究，具有重要的科学和现实意义。

本书通过室内间歇性降雨试验来阐明坡沟系统径流侵蚀产沙和水动力参数的演变特征，以及径流、侵蚀产沙，径流流速的动态变化特征及其差异性，揭示不同植被空间配置对细沟侵蚀发生、发展过程的调控作用机制。

4.1 坡沟系统不同植被格局的蓄水减沙效益

4.1.1 蓄水减沙效益计算方法

根据第 2 章试验材料与方法中的介绍，室内间歇性模拟降雨试验共进行三次。第三次模拟降雨试验后，下垫面有强烈结皮现象发生，这样导致了土壤表面的密封和变平，从而显著降低土壤表面糙度，并在一定程度上增加了表面密度。这就导致了径流深和侵蚀强度的增加，从而减少了降雨击溅侵蚀。根据实际试验情况，本书对降雨场次的径流和侵蚀产沙数据进行了取舍，除去了试验中的第三次降雨侵蚀产沙数据，只对前两次降雨试验数据进行分析。

本书将植被格局 A 条件下的径流总量和产沙总量作为参考值，其他植被格局条件下的径流总量和产沙总量与该参考值相比计算对应格局的蓄水效益和减沙效益，其数学表达式如下：

$$R_W = (W_A - W_x)/W_A \tag{4-1}$$

$$R_S = (S_A - S_x)/S_A \tag{4-2}$$

式中，R_W 为各个植被格局的蓄水效益；W_A 为植被格局 A 条件下的径流量；W_x 为植被格局 B、C、D、E 条件下的径流量；R_S 为各个植被格局的蓄水效益；S_A 为植被格局 A 条件下的侵蚀产沙量；S_x 为植被格局 B、C、D、E 条件下的侵蚀产沙量。计算结果如表 4-1 所示。

表 4-1 不同植被格局条件下两次模拟降雨的蓄水减沙效益计算结果 （单位:%）

植被格局	B	C	D	E
蓄水效益	-7.99	7.35	-27.88	-11.45
减沙效益	12.68	62.93	-48.29	-56.89

4.1.2 植被格局对坡沟系统侵蚀产沙调控作用

由表 4-1 可以看出，不同植被格局的减沙效益大小依次为：C>B>D>E，即坡面中下部>坡面下部>坡面中上部>坡面上部。不同植被格局的蓄水效益大小关系与减沙效益基本类似，依次为：C>B>E>D，说明植被格局 E 的蓄水效益相对于植被格局 D 有所增加，与减沙效益正好相反。结果表明，植被格局 C 的蓄水效益和减沙效益是试验条件下最优的。布设于坡面中下部位置的草带可以很好地发挥植被的水土保持功效，能够使径流量和产沙量分别减少 7.35% 和 62.93%。另外，试验观测结果发现，当植被布设于坡面上部和中上部时（植被格局 D 和植被格局 E），坡沟系统的土壤侵蚀更为严重，这与 Jin 等（2009）提出的在雨强为 65mm/h 条件下低植被盖度会产生更高的土壤侵蚀的结论一致。

综合以上分析可知，当草带布设于坡面下部 60% 位置处，具有试验范围内最好的水土保持效果，径流量减少 7.35%，产沙量减少 62.93%。说明此时草带的蓄水功效较弱，直接拦沙功效较强，草带更具有直接拦沙的水土保持功效。植被格局 C 条件下的草带布设对泥沙具有良好的拦截作用，即在合适位置布设草带具有较好的直接拦沙的水土保持功效，前期研究也证实了这一点（Zhang et al.，2018）。

当草带种植于距离坡面顶部相对较远的位置，如植被格局 B 和植被格局 C，草带对泥沙具有更高的拦截效率，能发挥出更好的水土保持功效。相反，将草带布设于靠近坡顶位置时，如植被格局 D 和植被格局 E，草带下部存在大范围裸露区域，会有产生更多径流与泥沙的可能性。因此，草带布设在靠近坡面底部的位置会对径流、泥沙产生较大的影响，能够大大降低径流对沟道的侵蚀能力；相反，草带的布设接近于坡面顶部，则对径流、产沙的影响较小。同时也发现并非将草带布设于坡面最底部（植被格局 B），其植被调控侵蚀的效果就是最优的。

表 4-2 列举了两场模拟降雨中不同植被格局条件下径流量平均值和产沙量平均值的计算结果。由表 4-2 中的计算结果可以看出，不论是在第 1 次降雨还是在第 2 次降雨事件中，植被格局 C 条件下的蓄水效益和减沙效益都是最优的。在植被格局 C 条件下，第 2 次降雨的径流量平均值与第 1 次降雨相比增加了 7.00%，产沙量平均值减小了 57.14%。在不同植被条件下，第 2 次降雨的径流量平均值与第 1 次降雨情况相比增加了 5% ~ 37%，产沙量平均值减小了 42% ~ 82%。因此，随着降雨场次的增加，径流量轻微增加但是产沙量却急剧减小，这就意味着第 2 次降雨条件下的径流侵蚀量较小。这是由于在试验条件下，第 2 次降雨后的细沟侵蚀的发育程度已经减缓并趋于成熟。植被的调控侵蚀作用可以在 $p<0.05$ 水平上显著影响坡沟系统的径流过程与侵蚀产沙过程，导致不同植被格局下的径流量和产沙量在 $p<0.05$ 水平上显著不同，尤其在第 2 次降雨中更是如此。因此，一些植被格局下的草带布设具有较好的蓄水减沙功效，从而起到较好的减蚀效果。

表 4-2　不同植被格局条件下两场降雨的径流量和产沙量均值

植被格局	径流量均值/（L/min）		产沙量均值/（kg/min）	
	第 1 次降雨	第 2 次降雨	第 1 次降雨	第 2 次降雨
A	8.62±0.22 b	11.24±0.36 b	2.35±0.38 b	1.36±0.10 a
B	9.04±0.34 b	12.40±0.24 ab	2.59±0.34 b	0.65±0.06 b
C	8.41±0.31 b	9.00±0.25 c	1.21±0.12 b	0.52±0.08 b
D	12.40±0.65 a	13.07±0.39 a	6.41±0.88 a	1.36±0.19 a
E	9.88±0.42 b	11.28±0.62 b	6.42±0.97 a	1.17±0.21 a

注：表中的数据格式为均值±标准误差，同一列和同一行的小写字母不同代表显著差异（$p<0.05$）。

4.2　间歇性降雨对径流侵蚀产沙过程的影响

　　径流量和侵蚀产沙量实际上是水土流失动态结果的定量表达，客观地反映了径流和产沙随时间的变化，在研究水土流失规律方面具有重要的意义（Nadal-Romero and Regüés，2009；Mohammad and Adam，2010）。

4.2.1　间歇性降雨条件下坡沟系统产流产沙特征

　　表4-3列举了不同植被格局条件下第1次降雨和第2次降雨前土壤含水量和土壤容重。图4-1绘制了间歇性降雨植被格局C条件下，径流和产沙过程的变化情况。从径流过程曲线的波动状态可以看出，径流初期即产流开始后的10min内，径流过程波动剧烈，径流的变异系数 C_v 为23.94%；产流历时10min以后的径流过程波动较小，趋于稳定，此时径流的变异系数 C_v 为10.26%。在产流历时0~10min内，径流量以0.54L/min速度增加至8~10L/min后保持稳定状态。在整个降雨过程中，产沙量的变异系数 C_v 均超过50%，表明侵蚀产沙过程波动剧烈。

表4-3　不同植被格局条件下降雨前土壤含水量和土壤容重

降雨场次	植被格局									
	A		B		C		D		E	
	SMC/%	SBD/(g/cm³)	SMC/%	SBD/(g/cm³)	SMC/%	SBD/(g/cm³)	SMC/%	SBD/(g/cm³)	SMC/%	SBD/(g/cm³)
第1次	21.70	1.39	17.66	1.21	20.40	1.29	19.10	1.26	19.08	1.24
第2次	25.80	1.40	23.20	1.32	22.70	1.42	26.67	1.33	22.56	1.38

　　注：SMC为土壤含水量；SBD为土壤容重。

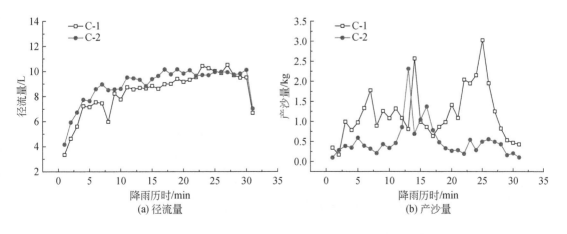

(a) 径流量　　　　　　　　(b) 产沙量

图4-1　坡沟系统植被格局C条件下径流产沙变化

表4-4 展示了降雨过程中植被格局 C 条件下，径流以及产沙特征参数的变化情况。当径流过程处于稳定状态时，径流稳定状态从 11min 缩短至 7min，并且稳定状态时的径流变异系数也逐渐减小。当产沙过程处于稳定状态时，侵蚀产沙量的波动范围也逐渐减小。

表4-4　模拟降雨条件下植被格局 C 的径流产沙特征

降雨场次	径流			产沙		
	稳定时刻/min	稳定状态均值/(L/min)	变异系数	波动范围/(kg/min)	稳定状态均值/(kg/min)	变异系数
第1次	11	10.79	0.09	0.17~3.02	1.19	0.54
第2次	7	12.35	0.08	0.10~2.31	0.51	0.84

4.2.2　间歇性降雨条件下坡沟系统入渗特征

降雨和下垫面性状决定了降雨产流和入渗之间的关系。通常用土壤入渗特征来评价土壤水源涵养作用和土壤抗侵蚀能力。当下垫面性状（土壤质地、容重、覆盖等）发生改变时，入渗特征也随之改变（Li et al.，1996；Zhou et al.，2006；Zhang et al.，2018）。

图4-2 展示了植被格局 C 条件下两场降雨过程的入渗率随降雨历时的过程曲线。从图4-2 可以看出，在两次降雨过程中，随着降雨历时的增加，入渗率均逐渐降低最后趋于平稳，第1次降雨的入渗率及其波动幅度均稍大于第2次降雨。降雨历时 0~10min 内，入渗率曲线逐渐下降，产流历时 10min 以后，入渗过程波动较小且逐渐趋于稳定，这与上述分析的径流过程呈现同样的波动趋势。入渗过程达到稳定状态时，第1次降雨过程中入渗率基本维持在 1.02~1.10mm/min 之间，均值为 1.07mm/min；第2次降雨过程中入渗率基本维持在 1.04~1.09mm/min 之间，均值为 1.05mm/min。说明土壤含水量和土壤容重随着降雨场次的增加逐渐增加（表4-3），这在一定程度上减少了土壤入渗、增加了径流。

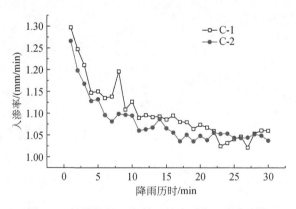

图4-2　植被格局 C 条件下坡沟系统入渗率变化

总而言之，随着降雨场次的逐渐增加，径流量均值逐渐增加且稳定状态历时逐渐缩短，并且径流过程逐渐趋于稳定。与之相反，产沙过程的波动范围虽然逐渐减小，产沙量均值也急剧减小，但是产沙的波动状态依然存在。这主要是因为降雨场次的增加引起试验系统下垫面急剧改变，进而导致试验条件下土壤物理特性和土壤结构发生了改变。从表4-3也可以看出，土壤含水率和土壤容重随着降雨过程的延续呈现逐渐增加趋势，土壤从一个比较干燥、松散的状态向一个潮湿、密实的状态发生转变，导致下垫面表面出现结皮现象（Vásquez-Méndez et al.，2010）。甚至，随着降雨场次的增加，径流入渗也逐渐下降，土壤趋于饱和，径流历时逐渐缩短，径流量逐渐增加并且趋于稳定，径流峰值出现的时刻也逐渐提前。以上这些特征参数的变化表明，在试验条件下，密封效应和土壤结构趋于稳定和成熟（Casermeiro et al.，2004；Bakker et al.，2005，Gyssels et al.，2005；Sun et al.，2014）。表明土壤结构趋于稳定、成熟的过程同样也是径流、产沙趋于稳定的过程，这与之前文献结论一致（Fattet et al.，2011；Curran and Hession，2013；Montenegro et al.，2013）。

4.3　植被格局对径流侵蚀产沙过程的影响

通过对表4-2的对照比较可以看出，第2次降雨中各个植被格局草带的布设对径流和产沙在$p = 0.05$水平上均有不同程度的影响。因此，本书以第2次降雨为例研究不同植被格局条件下草带布设对径流和产沙的影响。

从表4-2、表4-5和图4-3可以看出，在第2次降雨过程中，各个植被格局条件下产流初期的0~10min内径流量快速增长，波动剧烈，处于未稳定状态；产流10min之后，径流过程线波动较小，处于稳定状态，表明草带能够延缓径流稳定状态，对径流波动具有一定的抑制作用，但是对减少径流的作用相对较弱。相反，不同植被格局的产沙量均值存在显著差异，均具有较高的变异系数C_v，说明一些草带的布设可以明显减少侵蚀产沙量。因此，相比蓄水减沙效益而言，草带更具备较好的直接拦沙的水土保持功效，前期研究也证实了这一点（Zhang et al.，2014，2018）。植被格局D和植被格局E条件下，侵蚀产沙量相对较大，产沙过程波动相对剧烈。在试验条件下，植被格局C条件下的侵蚀产沙波动范围最小，产沙量均值相对较低，表明植被格局C条件下的草带布设对泥沙具有良好的拦截作用，即在合适位置布设草带具有较好的直接拦沙的水土保持功效。

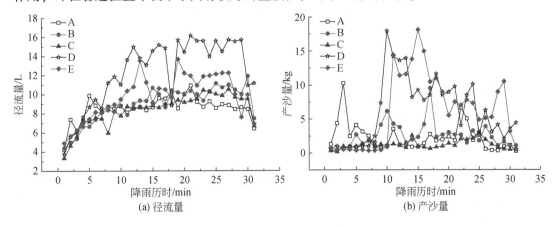

图4-3　第2次降雨不同植被格局条件下径流产沙变化

一般来说，植被削弱径流量峰值和产沙量峰值作用的强弱随坡面草带位置的变化而变化，并且不同植被格局之间的径流量和产沙量存在显著差异。总体上，将草带布设于坡面下部位置相比上部位置而言会发挥更大的削弱径流量峰值和产沙量峰值的作用。当草带种植于距离坡面顶部相对较远的位置，如植被格局 B 和植被格局 C 条件下所布设的草带，其对泥沙具有更高的拦截效率，能发挥出更好的水土保持功效。相反，将草带布设于靠近坡面顶部位置时，如植被格局 D 和植被格局 E 条件下的草带布设，草带下部坡面底部存在大范围裸露区域，会有产生更多径流与泥沙的可能性。因此，草带布设在靠近坡面底部的位置会对径流、泥沙产生较大的影响，能够大大降低径流对沟道的侵蚀能力；相反，草带的布设接近于坡面顶部，则对径流、产沙的影响较小。然而，试验结果也表明，并非将草带布设于坡面最底部（植被格局 B），其植被调控侵蚀的功效就是最优的，这不仅与坡沟系统特殊的变坡结构有关，还与上方的水动力条件有关，这点将在后续部分讨论。

表 4-5　第 2 次降雨条件下不同植被格局的径流产沙特征

植被格局	径流				产沙		
	稳定时刻 /min	稳定值 /(L/min)	变异系数		波动范围 /(kg/min)	均值 /(kg/min)	变异系数
			稳定前	稳定后			
A	6	12.05	0.29	0.04	0.26 ~ 2.52	1.36	0.41
B	5	12.82	0.18	0.05	0.16 ~ 1.70	0.64	0.54
C	7	12.35	0.23	0.05	0.10 ~ 2.31	0.52	0.83
D	6	13.80	0.37	0.04	0.11 ~ 4.67	1.36	0.77
E	9	12.89	0.31	0.18	0.07 ~ 4.95	1.17	0.98

4.4　植被格局对径流流速的影响

径流流速是坡沟系统水动力过程的主导因素，影响土壤侵蚀和泥沙输移的过程（Nadal-Romero et al.，2013；Ban et al.，2017）。为了进一步研究降雨因素和植被因素对坡沟系统侵蚀产沙过程的影响，本书测量了降雨过程中不同坡段内径流流速的沿程变化，用以描述径流流速的动态变化特征。

4.4.1　植被格局对坡沟系统流速的作用

当径流被坡面不同位置的草带拦截进入沟道后，径流流速随着草带位置变化而变化。沟道第一断面（过水断面 9）的径流平均流速如图 4-4 所示。从图 4-4 可以看出，与裸坡相比，植被格局 C 条件下的草带可以减少径流流速 46%，在试验范围内，是所有植被格局条件下沟道范围内最小值。植被格局 C 条件下草带减速效益是最优的，径流进入沟道的流速是最低的，径流对沟道的侵蚀影响程度在试验范围内达到最低水平。与此相反，植被格局 D 和植被格局 E 条件下，进入沟道的径流流速远远大于裸坡时的情况（图 4-4），达到试验范围内最高值。因此，植被格局 D 和植被格局 E 条件下的径流对沟道的侵蚀影响程度要远远强于裸坡时的情况。

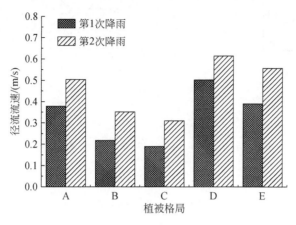

图 4-4　沟道第一断面径流流速

图 4-5 展示了两次降雨过程中各个植被格局条件下径流历时 15min 时坡沟系统范围内径流流速沿程变化特征。从图 4-5 可以看出，各个植被格局下皆存在这样一个区域，在此区域内径流流速突然加速，且一直处于较高水平，在此本书将此区域定义为径流加速空间。

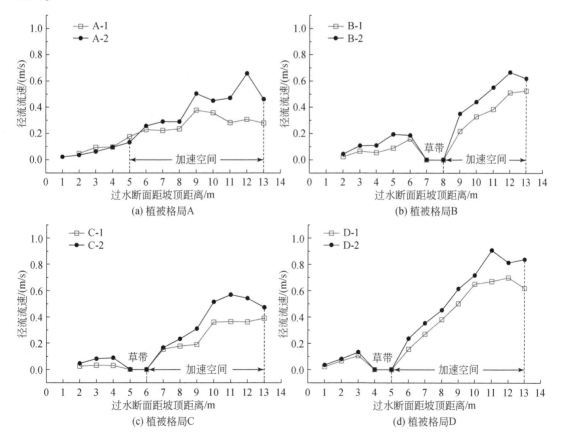

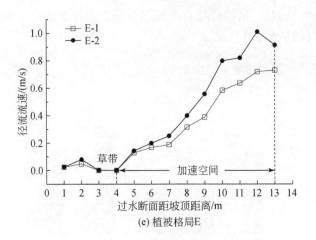

(e) 植被格局E

图 4-5   坡沟系统径流流速沿程变化

裸坡条件下,第 2 次降雨的径流流速大于第 1 次降雨的径流流速。当径流汇集在坡面（过水断面 4 和 5）时,该断面是径流流速的第 1 次加速位置,径流流速在此突然增大,表明在坡面范围内存在径流流速加速空间,并且该断面位置的径流流速相对较高。随着过水断面距坡顶距离的逐渐增加,径流流速逐渐增加。当径流进入沟道后,沟道坡度从 12°增加到 25°,径流更为集中,径流流速获得了最大的增长,导致径流流速进一步增加。

4.4.2   坡沟系统中植被格局的缓流效应

本书将植被格局 A 条件下各个过水断面处的径流流速作为参考值,其他植被格局条件下对应断面处的径流流速与该参考值相比,计算出对应植被格局的减速效益,以比较不同植被空间配置方式对径流流速的调控作用的强弱,其数学表达式如下:

$$R_{Vi} = \frac{(V_{Ai} - V_{xi})}{V_{Ai}} \times 100\% \tag{4-3}$$

式中,R_{Vi} 为各个植被格局不同位置处的减速效益;V_{Ai} 为植被格局 A 条件下不同位置处的径流流速;V_{xi} 为植被格局 B、C、D、E 条件下不同位置处的径流流速。

从图 4-5 可以看出,不同植被格局条件下坡沟系统的径流流速沿程变化整体趋势大体一致:第 2 次降雨条件下的径流流速明显要大于第 1 次降雨,并且沟道范围内的径流流速要大于坡面的径流流速。由图 4-6 和图 4-7 可以看出,在两次降雨条件下各个植被格局的减速效益大小依次为:C>B>D>E。

对于植被格局 C 和植被格局 B 而言,草带位于坡面相对靠下的部位,草带布设的位置刚好位于裸坡条件下径流流速的第 1 次加速位置（过水断面 4 和 5）,减少了在加速空间中的径流流速 [图 4-5（b）和（c）];此时布设的植被充当"缓流带",起到了一定的缓流效果。从图 4-6 可以看出,植被格局 B 和植被格局 C 条件下,在两次降雨过程中,坡沟系统 70% 区域范围内的减速效益都为正值（水平虚线以上）,且减速效益均值均达到 50%以上,表明草带对于调控径流流速起到了积极的减缓作用,且调控范围很广,已经延伸到

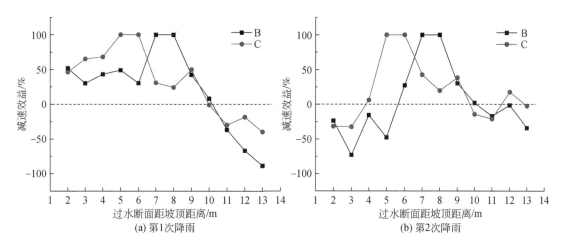

图 4-6　两次降雨下植被格局 B 和植被格局 C 条件下的减速效益

草带下部的裸露的径流加速空间区域内，有效地抑制了径流流速在加速空间中的快速增长。且第 2 次降雨的减速效益相比第 1 次降雨有明显提升，表明随着降雨过程的延续、降雨历时的增加，植被的减速效果会有所增强。植被格局 C 条件下的减速效益曲线明显高于植被格局 B 时的情况，说明草带布设于坡面中下部与布设在坡面下部位置相比，能够更好地有效调控径流流速。因此，此时草带的布设能够有效抑制坡沟系统大范围区域内，尤其是径流加速空间的径流流速的快速增长，大幅度降低径流流速和径流剥蚀率，进一步削弱径流侵蚀功率，极度减缓了径流侵蚀能力。

　　对于植被格局 D 和植被格局 E 而言，草带位于坡面靠上的部位，草带以下的裸露区域直接与坡沟系统出口相连，为径流提供了更多的加速空间（Reaney et al.，2014）［图 4-5（d）和（e）］，使得径流流速要高于植被格局 B、C 甚至是裸坡时的情况。从图 4-5（d）和（e）可以看出，植被格局 D、E 情况下的加速空间大幅增加，从沟道一直延伸至坡面，使得径流流速的快速增长，并且极度增强了径流侵蚀能力。从图 4-7 可以看出，植被格局 D、E 条件下，在两次降雨过程中，尤其在径流加速空间（草带下部至坡沟系统出口的裸露区域）内，减速效益基本都为负值，径流流速均有增加，且数值很大。说明草带布设于坡面中部和中上部时，其调控径流流速的范围十分有限，且调控作用较弱，甚至在一定程度上增加了径流流速，加剧了径流侵蚀能力。因此，随着草带逐渐向坡面上部移动，加速部位也逐渐上移，径流加速空间也逐渐增大，导致径流加速空间超过了临界值，径流流速和径流侵蚀能力也大幅增加。这与草带下部的裸露区域和坡沟系统出口直接相连有关，导致更大的加速空间存在于草带下部；当草带布设于坡面中上部和上部会产生更为严重的径流侵蚀。且第 2 次降雨的减速效益相比第 1 次降雨有明显提升，表明随着降雨过程的延续、降雨历时的增加，植被的减速效果会有所增强。

　　如前所述，并非将草带布设于坡面最底部，其植被调控侵蚀的功效就是最优的，这不仅与坡沟系统特殊的变坡结构有关，还与上方的水动力条件有关。在试验条件下，坡沟系统包括一个长 8m 的缓坡坡面和一个长 5m 的陡坡沟道，二者之间存在着坡度的变化。当草带种植于坡面中下部时（植被格局 C），草带正好布设于径流流速第 1 次加速位置，有

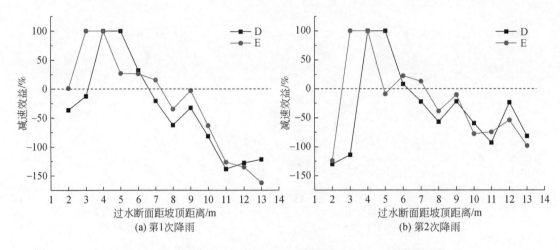

图 4-7　两次降雨下植被格局 D 和植被格局 E 条件下的减速效益

效地抑制了径流流速的快速增长。径流从草带，即从减速带流出后，在进入沟道之前，经过了一段坡度较缓的坡面，在此过程中搬运了一部分泥沙；当径流进入沟道后，与植被格局 B 相比，径流含沙量相对较高，泥沙输移能力相对较弱。因此植被格局 C 条件下的草带能够有效地分散和减少径流侵蚀功率，减缓了对沟道的侵蚀作用。当草带布设于坡面最底部时（植被格局 B），径流经减速带（草带）流出后，直接进入沟道，相对陡峭的坡度变化使得径流更为集中；与植被格局 C 相比，导致径流流速快速增长，相对处于较高水平（图 4-5）。另外，当径流被草带过滤后，直接进入沟道，其径流含沙量与植被格局 C 相比相对较低，泥沙运移能力相对较高，加剧了对沟道的侵蚀。因此，将草带种植于越接近坡面最底部时，相比坡面中下部布设时，由于径流携运泥沙能力增加和径流加速过程的存在，调控径流和输沙的作用相对较弱，因此植被的蓄水减沙效益相对较弱，此时草带的布设并未显著提高植被调控侵蚀的效果（Martínez- Casasnovas et al., 2009；Zhou et al., 2016）。

同时也可以看出，随着草带与坡顶距离的逐渐减小（从植被格局 B ~ E），即径流加速空间逐渐增大，径流流速呈现出先减小后增加的趋势，植被格局 C 条件下径流流速最小。表明径流加速空间超过一定范围时，径流流速会大于其他植被格局甚至是裸坡时的情况，因此径流加速空间范围存在一个临界现象。在试验条件下，将植被格局 C 条件下坡沟系统出口至草带底部的距离 7m 定义为径流加速空间的临界值，即加速空间临界值为坡沟系统长度的 54%。加速空间长度小于该临界值时，如植被格局 B、C，草带的布设能够在一定程度上有效地抑制径流流速的快速增长，加速空间区域内的径流流速较小，侵蚀能力较弱。而大于该临界值时，如植被格局 D、E，草带下部的裸露区域和坡沟系统出口直接相连有关，更大的加速空间存在于草带下部、长度增加，已经达到坡沟系统长度的 69%。径流流速在加速空间内快速增长，一直处于较高水平，产生了更为严重的径流侵蚀，甚至超过裸坡时的情况。本研究将加速空间临界值定义为坡沟系统下部长度的 54%，小于该临界值时，植被对径流流速的调控作用明显；而大于该临界值时，植被对径流流速的调控作用很弱，甚至对径流流速起到一定的加剧作用。

4.5 不同植被格局下坡沟系统侵蚀微地貌变化研究

4.5.1 侵蚀微地貌因子提取与计算

细沟侵蚀在地表径流以及土壤流失方面起着重要的作用（Kimaro et al., 2008；Shen et al., 2015）。本书采用三维激光扫描仪 Trimble FX scanner 对降雨前后的微地貌进行扫描，获取坡沟系统下垫面点云数据。采用该仪器自带的扫描软件（Trimble Real Works office）对点云数据进行去噪、拼接处理，最终获得坡沟系统下垫面高分辨率 DEM 数据（图4-8），用以展示不同植被格局条件下坡沟系统在每次降雨后的坡面细沟形成以及发展过程。同时采用初始状态（第 1 次降雨前）的下垫面高程数据分别减去第 1 次降雨后和第 2 次降雨后的下垫面高程数据，即 Rain 0-Rain 1 和 Rain 0-Rain 2，获得两次降雨后侵蚀物质与沉积物质的 DEM，来客观反映降雨过程中侵蚀产沙的具体部位、深度、宽度以及侵蚀强度，结果如图4-9 所示。其中图4-9（a）~（e）右上角图为第 1 次降雨后的侵蚀物质与沉积物质的 DEM，正图为降雨结束后，即第 2 次降雨后的侵蚀物质与沉积物质的 DEM，以反映两次降雨后的侵蚀微地貌的变化特征、细沟形成以及发展过程。

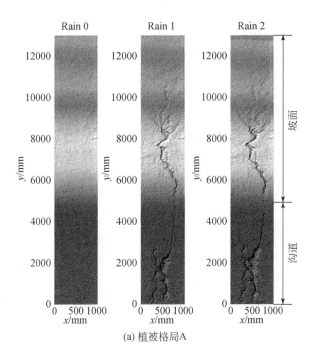

(a) 植被格局A

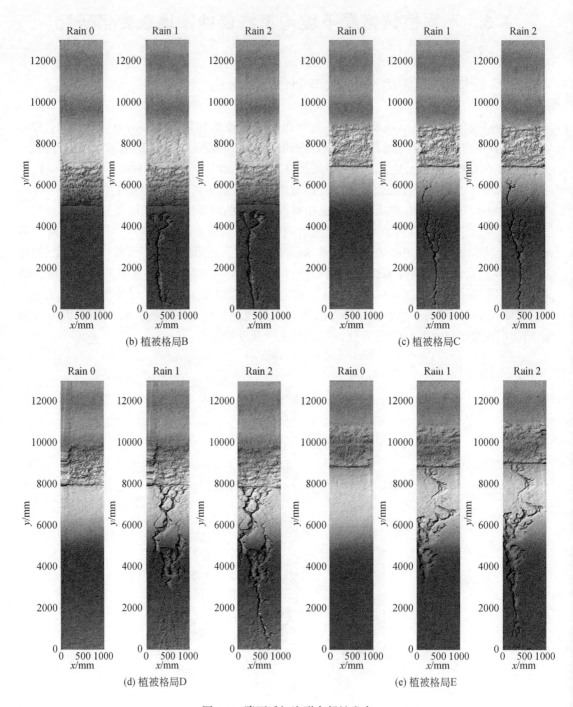

图4-8　降雨后细沟形态侵蚀发育

在此基础上，利用 DEM 数据为数据源对微地貌形态因子进行提取，用以描述地表微地貌发育形态。用于描述黄土高原地貌形态的地形因子众多，根据张磊（2013）对黄土地貌地形核心因子确定的基础上，本书结合试验实际情况，选取 4 种适合坡面尺度的地形因子，用以定量刻画不同植被格局条件下降雨前后细沟侵蚀形态发育特征。4 种地形因子分别为坡度、剖面曲率、地表粗糙度以及地形起伏度。

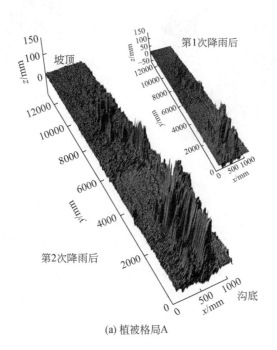

(a) 植被格局A

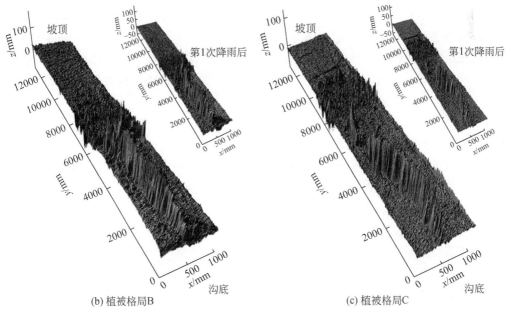

(b) 植被格局B　　　　　　　　　　　　　　　(c) 植被格局C

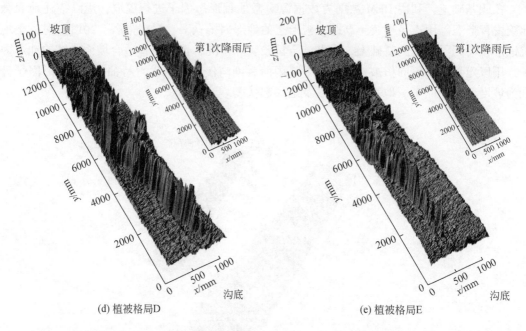

(d) 植被格局D　　　　　　　　　　　　　　　(e) 植被格局E

图 4-9　不同植被格局条件下坡沟系统侵蚀产沙物质高程

坡度：是指地表任意一点的水平面与切平面的夹角，表示局部地表坡面的倾斜程度，坡度的大小影响地表物质流动过程中的能量转换的强度与规模，其数学表达式如下：

$$S = \sqrt{f_x^2 + f_y^2} \tag{4-4}$$

式中，f_x 为南北方向高程变化率；f_y 为东西方向高程变化率。

剖面曲率：是对地表任意一点的扭曲变化程度的定量化度量因子，是指地面上任一点位地表坡度的变化率，实质是对 DEM 求取两次坡度。

地表粗糙度：是指地表单元的实际面积与水平投影面积之比，是描述区域宏观地形的因子，反映了地表单元地势起伏的复杂程度，也是反映地表侵蚀程度的重要量化指标，其数学表达式如下：

$$R = S_s / S_H \tag{4-5}$$

式中，R 为地表粗糙度；S_s 为地表单元的曲面面积；S_H 为水平面上的投影面积。

地形起伏度：为研究区域内所有栅格中最小高程值与最大高程值的差，以刻画地形起伏程度的宏观地形因子，能够反映水土流失中土壤侵蚀特征，其数学表达式如下：

$$RF_i = H_{max} - H_{min} \tag{4-6}$$

式中，RF_i 为研究区域内地表粗糙度；H_{max} 为分析窗口内的最大高程值；H_{min} 为分析窗口内的最小高程值。

4.5.2　植被格局对坡沟系统侵蚀地貌变化的作用

表 4-6 记录了不同植被格局条件下降雨初期四种地形因子指标初始值，以及前两次降

雨后的各地形因子指标较上一次降雨的增量，以反映降雨过程中下垫面细沟侵蚀形态发育特征。

表4-6 降雨前后不同植被格局的地形因子变化

地形因子	降雨次数	植被格局				
		A	B	C	D	E
坡度/(°)	初始值	12.83	16.33	13.4	13.34	13.34
	增量#1	4.24	3.11	2.86	4.44	4.31
	增量#2	1.41	0.78	0.72	1.72	1.85
剖面曲率/m⁻¹	初始值	31.96	34.21	27	27.42	27.42
	增量#1	6.45	4.69	3.94	6.13	5.96
	增量#2	2.15	1.17	0.99	2.38	2.55
地表粗糙度	初始值	1.03	1.09	1.05	1.05	1.05
	增量#1	0.06	0.05	0.05	0.08	0.05
	增量#2	0.02	0.01	0.01	0.03	0.02
地形起伏度/m	初始值	3.63	5.05	3.81	3.92	3.85
	增量#1	1.60	1.13	0.95	1.51	1.56
	增量#2	0.53	0.28	0.24	0.59	0.67

注：初始值代表各地形因子在第1次降雨前的数值，增量#1为第1次降雨后各地形因子较初始值的增量，增量#2为第2次降雨后各地形因子较第1次降雨后的增量。

降雨初期，径流还未形成，击溅侵蚀起主导作用；随着降雨过程的延续，坡面径流形成，发生片蚀；然后坡面径流汇集，形成溯源侵蚀，细沟侵蚀发生；溯源侵蚀和两侧崩塌侵蚀加剧，最终形成连续的细沟侵蚀。所有的这些过程都促进细沟网络的形成并且加剧了细沟侵蚀（Shen et al.，2015）。从图4-8和图4-9可以直观看出，在试验条件下，第1次降雨后各个植被条件下的下垫面，细沟网络均已形成和发展。第2次降雨后，细沟的宽度和深度变化很小，细沟的长度随降雨场次的增加而增加，但增加幅度略有降低，尤其在植被格局B和植被格局C条件下，更是如此。在植被格局D和植被格局E条件下，第2次降雨后，沟道底部的细沟继续发育，细沟长度逐渐增加，增加幅度相对植被格局B和植被格局C而言更为明显。

这些现象同样也可以从表4-6中所列举的降雨前后不同植被格局地形因子变化情况得以反映。第1次降雨后各个地形因子指标值较初始值相比均有所增长，增加幅度占整个增量（增量#1+增量#2）的70%~80%，说明细沟侵蚀均已形成和发展。第2次降雨后各个地形因子指标值较第1次降雨后的指标继续有所增长，但增加幅度已经减小，仅占整个增量的20%~30%，增长趋势趋于平缓。尤其在植被格局B和植被格局C条件下，各个地形因子指标值在第1次和第2次降雨条件下的增量均为最小，说明其细沟侵蚀发育在试验范围内均处于最低水平，尤其在第2次降雨后更是如此。而在植被格局D和植被格局E条件下，各个地形因子指标值在第1次和第2次降雨条件下也满足上述规律，且其地形因子指标的增量均较大，细沟侵蚀发育在试验范围内均达到较高水平，侵蚀发育程度较高。结果表明，在试验条件下，第 1 次降雨之后，细沟已经形成并且发育，经过了第 2 次降雨后，细沟侵蚀变化不大，已经逐渐趋于稳定，残留的侵蚀性土壤逐渐减少。因此，第 2 次降雨的侵蚀增量要小于第 1 次降雨的侵蚀增量，土壤流失量相比第 1 次降雨而言要偏少（表 4-2 和表 4-3），这也验证了上述第 2 次降雨下垫面趋于稳定的结论。

表 4-7　不同植被格局条件下第 2 次降雨后的细沟侵蚀指标

细沟侵蚀指标	植被格局				
	A	B	C	D	E
总侵蚀体积/L	123. 72	103. 38	68. 72	240. 16	259. 86
细沟侵蚀体积/L	68. 33	46. 23	21. 14	182. 32	203. 92
细沟侵蚀比率/%	55. 23	44. 75	30. 56	75. 93	78. 49
最大细沟侵蚀宽度/mm	218	153	91	536	558
最大细沟侵蚀深度/mm	173	105	110	186	198

　　如前所述，由于第 2 次降雨后的细沟侵蚀变化较第 1 次降雨变化幅度轻微，所以表 4-7 仅列举了不同植被格局条件最终情况下，即第 2 次降雨后的各个细沟侵蚀指标（总侵蚀体积、细沟侵蚀体积、细沟侵蚀体积占总侵蚀体积比率以及最大细沟侵蚀宽度、深度）的对比情况。从表 4-7 可以看出，不同植被格局条件下，各细沟侵蚀指标的变化趋势是相似的，但是细沟侵蚀的强度和变化速率截然不同。对比五种植被格局，植被格局 D 和植被格局 E 条件下的细沟侵蚀体积分别达到了 182L 和 204L，细沟侵蚀比率分别达到了 75.93% 和 78.49%。植被格局 D 和植被格局 E 的细沟侵蚀量远远大于其他三种植被格局，这个结果与相关文献（Shen et al., 2015）中的结论相似。结果表明，植被格局 D 和植被格局 E 条件下细沟侵蚀贡献率最高，细沟侵蚀是主要的侵蚀方式，细沟侵蚀部位主要分布于沟道上部大部分区域和坡面下部 [图 4-9（d）和（e）]。

　　在裸坡条件下（植被格局 A），细沟侵蚀体积为 68.33L，细沟侵蚀比率为 55.23%，表明在裸坡条件下，细沟侵蚀依然是侵蚀的主要方式，但侵蚀强度与植被格局 D 和植被格局 E 相比相对较弱，其细沟侵蚀部位主要位于沟道下部 [图 4-8（a）]。与之相比，植被格局 B 和植被格局 C 条件下的细沟侵蚀体积最小，且地形指标增量达到了试验范围内最低，细沟侵蚀比率低于 45%，表明这两种植被格局条件下，侵蚀方式已经发生了改变，细沟侵蚀不再是主要的侵蚀方式，击溅侵蚀和片蚀已经成为坡沟系统主要的侵蚀方式，在整个坡沟系统中起主导作用，细沟侵蚀主要集中于沟道下部的小部分区域 [图 4-9（b）和（c）]。

　　图 4-8、图 4-9 和表 4-7 表明，一方面，合理的植被配置依靠合适的空间位置能够有效地抑制径流在加速空间的快速增长 [图 4-5（b）和（c）]，其减速效益达到 50% 以上（图 4-6），使得细沟宽度、深度（表 4-7）和径流剪切力得以大幅度减少，从而改变了径流的主要侵蚀方式，将裸坡条件下的细沟侵蚀方式转化成植被格局 B 和植被格局 C 条件下的片蚀（表 4-7）。另一方面，由于侵蚀方式发生了改变，起主导作用的击溅侵蚀和片蚀会产生较少的土壤侵蚀，然后会进一步减少细沟侵蚀体积、宽度和深度，从而显著降低径流流速和径流剪切力。最终，凭借合理的植被配置方式对土壤侵蚀的双重耦合作用，布设

于坡面中下部和下部的草带能够有效控制细沟侵蚀的形成和发展，从而有效降低侵蚀强度（Adelpour et al.，2005）。以上表明合理的植被空间配置对细沟侵蚀的调控作用是明显的（Lei and Nearing，1998；Li et al.，2005），能够有效减少径流流速以达到更好的水土保持效果（Zhang and Wang，2000；Vásquez-Méndez et al.，2010）。与之相反，草带位于坡面中上部和上部的不合理的格局，增加了直接与坡沟系统出口相连的裸露区域，草带以下的裸露区域能够提供径流足够的加速空间，该空间从沟道一直延伸至坡面，导致径流流速的快速增加（图4-5），增加幅度达1倍左右（图4-7），从而进一步增加了细沟宽度、深度和细沟侵蚀体积（图4-8、图4-9和表4-7），此时细沟侵蚀已经成为主要的侵蚀方式；并且急剧加速了细沟侵蚀的发育程度（Vermang et al.，2015）。

研究结果表明，在25%的低植被覆盖度条件下，与同等条件下裸坡相比，草带位于坡面中上部和上部的植被格局会产生更为严重的土壤侵蚀。这显然与常规所描述的植被的存在能够增加水分入渗，显著减少径流和产沙量（Nadal-Romero et al.，2011）的现象相矛盾；但是这一结论却与一些文献（Jin et al.，2009）中所提出的结论相类似。Jin等（2009）提出雨强为65mm/h时，低覆盖度会产生比裸坡更多的侵蚀产沙量，这与坡沟系统中径流加速范围内的水动力过程以及水蚀过程有关。在植被格局D、E条件下，草带底部距峁边线的距离大于坡顶距细沟发生位置处的距离（图4-8），可以为径流提供足够的加速空间，此时细沟侵蚀的发展是剧烈的。当径流进入沟道，突然陡降的沟道使得径流更为集中，径流流速较裸坡相比进一步增加。另外，经过草带过滤后的径流含沙量相对较低，径流携运泥沙能力相对增强；导致径流含沙量和携运泥沙能力的差距继续增大，与裸坡相比产生更大的径流剥蚀率（Nearing et al.，1999），同时，由于草带的过滤作用，水流黏度减少，"清水"流速分布均匀且比"浑水"流速大，最终导致侵蚀程度加剧。因此，在多重因素的耦合作用下，植被格局D、E条件下的径流侵蚀强度相比裸坡更大。

4.6 小 结

本章通过室内模拟间歇性降雨试验，阐明了坡沟系统径流输沙过程及径流流速的演变特征，揭示了不同植被空间配置对细沟侵蚀发生、发展过程的调控作用机制。小结如下：

（1）草带布设能够延迟径流稳定状态，但是对减少径流的作用较弱。坡沟系统中，位于坡面下部的草带相比位于上部的草带而言具有更好的调控侵蚀的效果，然而并不是将草带越接近于坡面底部布设越好，这样并不会明显提高植被的蓄水减沙效益。草带位于坡面中下部布设，具有试验范围内最好的水土保持效果，径流量减少7.35%，产沙量减少62.93%，草带更具有直接拦沙的水土保持功效。

（2）种植于坡面下部60%位置的草带充分发挥了缓流效果，使得坡沟系统70%区域范围内的减速效益均为正值，调控范围很广，已经延伸到草带下部裸露的径流加速空间区域内；减速效益达到50%以上，有效地抑制了径流流速在加速空间中的快速增长，降低平均径流流速46%，对于调控径流流速起到了积极的减缓作用，同时能够有效调控径流含沙量，极度减缓了径流侵蚀能力。随着降雨过程的延续、降雨历时的增加，植被的减速效果会有所增强。

（3）随着草带与坡顶距离的逐渐减小，径流流速呈现出先减小后增加的趋势，径流加速空间范围存在临界现象。本研究将该临界值定义为坡沟系统长度的54%。小于该临界值时，植被对径流流速的调控作用明显，能够在一定程度上有效地抑制径流流速的快速增长，侵蚀能力减弱。大于该临界值时，植被对径流流速的调控作用很弱，径流流速在加速空间范围内快速增长，一直处于较高水平，甚至对径流流速起到一定的加剧作用，侵蚀能力得到了增强。

（4）合理的植被空间配置对细沟侵蚀的调控作用是明显的，能够直接影响侵蚀产沙的水动力机制，也能够有效减少径流流速以达到更好的水土保持效果。一方面，合理的植被配置依靠合适的空间位置能够有效地抑制径流在加速空间的快速增长，其减速效益达到50%以上，使得细沟宽度、深度大幅度减少，从而改变了径流的主要侵蚀方式。另一方面，由于侵蚀方式的改变，起主导作用的击溅侵蚀和片蚀会产生较少的土壤侵蚀，会进一步减少细沟侵蚀体积、宽度和深度，进一步降低径流流速。最终，在双重耦合作用的影响下，布设于坡面中下部和下部的草带能够有效控制细沟侵蚀的形成和发展，从而有效降低侵蚀强度。

（5）草带位于坡面中上部和上部的不合理的格局增加了直接与坡沟系统出口相连的裸露区域，这些草带以下的裸露区域会给径流提供足够的加速空间，加速空间甚至从沟道一直延伸至坡面，导致了径流流速的快速增加，增加幅度达1倍左右，从而进一步增加了细沟宽度、深度和细沟侵蚀体积，此时细沟侵蚀已经成为主要的侵蚀方式；并且急剧加速了细沟侵蚀的发育。当径流被草带过滤后，含沙量相对较低，挟沙输沙能力增强；径流含沙量和输沙能力的差距继续增大，导致与裸坡相比产生更大的径流剥蚀率。此时草带底部距峁边线的距离大于坡顶距细沟发生位置处的距离，可为径流提供足够的加速空间，细沟侵蚀发展剧烈。当径流进入沟道，突然陡降的沟道使得径流更为集中，径流流速较裸坡相比进一步增加。因此，在多重因素的耦合作用下，某些格局下的径流侵蚀强度相比裸坡更大。

（6）植被格局对土壤侵蚀的调控作用更多的是通过植被作用于坡沟系统范围内细沟形成、发展过程和强度而实现的，尤其是其对沟道范围内的调控作用。而且，植被的作用不但改变了细沟侵蚀的位置，更重要的是改变了主要侵蚀方式。

参 考 文 献

陈永宗，景可，蔡强国 . 1988. 黄土高原现代侵蚀与治理 . 北京：科学出版社 .

侯庆春，汪有科，杨光 . 1996. 关于水蚀风蚀交错带植被建设中的几个问题 . 水土保持通报，16（5）：36-40.

侯庆春，韩蕊莲，韩仕锋 . 1999. 黄土高原人工林地"土壤干层"问题初探 . 中国水土保持，(5)：10-14.

胡春宏，张晓明 . 2019. 关于黄土高原水土流失治理格局调整的建议 . 中国水利，23：5-7.

刘国彬，上官周平，姚文艺，等 . 2017. 黄土高原生态工程的生态成效 . 中国科学院院刊，32（1）：11-19.

刘晓燕 . 2016. 黄河近年水沙锐减成因 . 北京：科学出版社 .

闵庆文，余卫东 . 2002. 从降水资源看黄土高原地区的植被生态建设 . 水土保持研究，9（3）：109-117.

潘成忠, 上官周平. 2005. 牧草对坡面侵蚀动力参数的影响. 水利学报, 36 (3): 371-377.

王光谦, 钟德钰, 吴保生. 2020. 黄河泥沙未来变化趋势. 中国水利, 1: 9-12.

张殿发, 卞建民. 2000. 中国北方农牧交错区土地荒漠化的环境脆弱性机制分析. 干旱区地理, 23 (2): 133-137.

张磊. 2013. 基于核心地形因子分析的黄土地貌形态空间格局研究. 南京: 南京师范大学.

Adelpour A A, Behnia A A K, Soufi M. 2005. Erosions evaluation of pasture cover density on the formation and development of rill in a silty-loam soil. The Scientific Journal of Agriculture, 27: 123-135.

Bakker M M, Govers G, Kosmas C, et al. 2005. Soil erosion as a driver of land-use change. Agriculture Ecosystems & Environment, 105 (3): 467-481.

Ban Y, Lei T, Gao Y, et al. 2017. Effect of stone content on water flow velocity over Loess slope: non-frozen soil. Journal of Hydrology, 549: 525-533.

Benito E, Santiago J L, De Blas E, et al. 2003. Deforestation of water-repellent soils in Galicia (NW Spain): effects on surface runoff and erosion under simulated rainfall. Earth Surface Processes and Landforms, 28 (2): 145-155.

Casermeiro M A, Molina J A, Caravaca M T D L C, et al. 2004. Influence of scrubs on runoff and sediment loss in soils of Mediterranean climate. Catena, 57 (1): 91-107.

Curran J C, Hession W C. 2013. Vegetative impacts on hydraulics and sediment processes across the fluvial system. Journal of Hydrology, 505 (8): 364-376.

DeBaets S, Poesen J, Reubens B, et al. 2009. Methodological framework to select plant species for controlling rill and gully erosion: application to a Mediterranean ecosystem Methodological framework to select plant species for controlling rill and gully erosion. Earth surface processes and landforms, 34 (10): 1374-1392.

Fattet M, Fu Y, Ghestem M, et al. 2011. Effects of vegetation type on soil resistance to erosion: relationship between aggregate stability and shear strength. Catena, 87 (1): 60-69.

Fu B J, Chen L, Ma K, et al. 2000. The relationships between land use and soil conditions in the hilly area of the Loess Plateau in northern Shanxi, China. Catena, 39 (1): 69-78.

Gang L I, Abrahams A D, Atkinson J F. 1996. Correction factors in the determination of mean velocity of overland flow. Earth surface Processes and Landforms, 21 (6): 509-515.

García-Ruiz J M, Regüés D, Alvera B, et al. 2008. Flood generation and sediment transport in experimental catchments affected by land use changes in the central Pyrenees. Journal of Hydrology, 356 (1-2): 245-260.

García-Ruiz J M, Lana-Renault N, Begueria S, et al. 2010. From plot to regional scales: interactions of slope and catchment hydrological and geomorphic processes in the Spanish Pyrenees. Geomorphology, 120 (3-4): 248-257.

Gyssels G, Poesen J, Bochet E, et al. 2005. Impact of plant roots on the resistance of soils to erosion by water: a review. Progress in Physical Geography, 29 (2): 189-217.

Hu C. 2020. Implications of water-sediment co-varying trends in large rivers. Science Bulletin, 65: 4-6.

Jin K, Cornelis W M, Gabriels D, et al. 2009. Residue cover and rainfall intensity effects on runoff soil organic carbon losses. Catena, 78 (1): 81-86.

Kimaro D N, Poesen J, Msanya B M, et al. 2008. Magnitude of soil erosion on the northern slope of the Uluguru Mountains, Tanzania: interrill and rill erosion. Catena, 75 (1): 38-44.

Lei T W, Nearing M A. 1998. Rill erosion and morphological evolution: a simulation model. Water Resources Research, 34 (11): 3157-3168.

Li M, Yao W Y, Chen J N, et al. 2005. Impact of Different Grass Coverages on the Sediment Yield Process in the

Slope-gully System. Acta Geographica Sinica, 60 (5): 725-732.

Li M, Yao W Y, Ding W F, et al. 2009. Effect of grass coverage on sediment yield in the hillslope-gully side erosion system. Journal of Geographical Sciences, 19 (3): 321-330.

Li Z B, Zhu B B, Li P. 2008. Advancement in study on soil erosion and soil and water conservation. Acta pedologica sinica, 45 (5): 802-809.

Martínez-Casasnovas J A, Ramos M C, García-Hernández D. 2009. Effects of land-use changes in vegetation cover and sidewall erosion in a gully head of the Penedès region (northeast Spain) . Earth surface processes and landforms, 34 (14): 1927-1937.

Mohammad A G, Adam M A. 2010. The impact of vegetative cover type on runoff and soil erosion under different land uses. Catena, 81: 97-103.

Montenegro A A A, Abrantes J, De Lima J, et al. 2013. Impact of mulching on soil and water dynamics under intermittent simulated rainfall. Catena, 109 (10): 139-149.

Nadal-Romero E, Regüés D. 2009. Detachment and infiltration variations as consequence of regolith development in a Pyrenean badland system. Earth Surface Processes and Landforms, 34 (6): 824-838.

Nadal-Romero E, Lasanta T, Regüés D, et al. 2011. Hydrological response and sediment production under different land cover in abandoned farmland fields in a Mediterranean mountain environment. Boletíndde la Asociación de Geógrafos Españoles, 201 (55): 303-323.

Nadal-Romero E, Lasanta T, García-Ruiz J M. 2013. Runoff and sediment yield from land under various uses in a Mediterranean mountain area: long-term results from an experimental station. Earth Surface Processes and Landforms, 38 (4): 346-355.

Nearing M A, Simanton R, Norton D, et al. 1999. Soil erosion by surface water flow on a stony, semiarid hillslope. Earth Surface Processes and Landforms, 24 (8): 677-686.

Pan C Z, Shangguan Z P. 2006. Runoff hydraulic characteristics and sediment generation in sloped grassplots under simulated rainfall conditions. Journal of Hydrology, 331 (1): 178-185.

Pan C Z, Shangguan Z P. 2007. The effects of ryegrass roots and shoots on loess erosion under simulated rainfall. Catena, 70 (3): 350-355.

Portenga E W, Bierman P R. 2011. Understanding earth´s eroding surface with 10Be. GSA Today, 21 (8): 4-10.

Reaney S M, Bracken L J, Kirkby M J. 2014. The importance of surface controls on overland flow connectivity in semi-arid environments: results from a numerical experimental approach. Hydrological Processes, 28 (4): 2116-2128.

Shen H O, Zheng F L, Wen LL, et al. 2015. An experimental study of rill erosion and morphology. Geomorphology, 231 (231): 193-201.

Sun W Y, Shao Q Q, Liu J Y, et al. 2014. Assessing the effects of land use and topography on soil erosion on the Loess Plateau in China. Catena, 121 (121): 151-163.

Vásquez-Méndez R, Ventura-Ramos E, Oleschko K, et al. 2010. Soil erosion and runoff in different vegetation patches from semiarid Central Mexico. Catena, 80 (3): 162-169.

Vermang J, Norton L D, Huang C, et al. 2015. Characterization of soil surface roughness effects on runoff and soil erosion rates under simulated rainfall. Soil Science Society of America Journal, 79 (3): 903-916.

Xu G C, Zhang T G, Li Z B, et al. 2017. Temporal and spatial characteristics of soil water content in diverse soil layers on land terraces of the Loess Plateau, China. Catena, 158: 20-29.

Zhang H Y, Wang Y L. 2000. Landscape ecological optimization in land resource exploitation: overview of the methods. Earth Science Frontiers, 7 (8): 112-120.

Zhang X, Yu G Q, Li Z B, et al. 2014. Experimental study on slope runoff erosion and sediment under different vegetation types. Water Resources Management, 28 (9): 2415-2433.

Zhang X, Li P, Li Z B, et al. 2018. Effects of precipitation and different distributions of grass strips on runoff and sediment in the loess convex hillslope. Catena, 162: 130-140.

Zhou J, Fu B J, Gao G Y, et al. 2016. Effects of precipitation and restoration vegetation on soil erosion in a semi-arid environment in the Loess Plateau, China. Catena, 137 (137): 1-11.

Zhou Z C, Shangguana Z P, Zhao D. 2006. Modeling vegetation coverage and soil erosion in the Loess Plateau Area of China. Ecological Modelling, 198 (1): 263-268.

5 不同植被格局下坡沟系统泥沙来源变化研究

在第 4 章中，以坡沟系统为研究对象，采用室内模拟降雨试验，开展了降雨条件下，植被空间配置方式调控径流侵蚀产沙作用机制的研究。主要讨论了不同植被格局条件下，坡沟系统侵蚀产沙、径流以及径流流速的动态变化特征。阐明了坡沟系统径流侵蚀产沙与水动力参数的演变特征，径流、侵蚀产沙以及径流流速的动态变化特征及其差异性，揭示了不同植被空间配置对细沟侵蚀发生、发展过程的调控作用机制。本章在第 4 章的研究基础上，继续结合三维激光扫描技术与微地貌分析技术，通过降雨前后微地貌的变化，定量研究植被不同配置空间方式对坡沟系统侵蚀输沙过程的影响，探讨不同植被配置方式下侵蚀输沙过程特征，阐明不同植被空间配置方式下坡沟系统侵蚀产沙来源的变化规律以及不同植被空间配置方式下坡面与沟道侵蚀产沙的空间差异，揭示植被空间配置方式对坡沟系统泥沙来源变化的作用机制（刘晓燕，2016；刘国彬等，2017；胡春宏和张晓明，2019；王光谦等，2020；Hu，2020）。

5.1 不同植被格局条件下侵蚀产沙差异性分析

第 4 章采用降雨前后的下垫面 DEM 数据，开展了植被格局对坡沟系统细沟侵蚀的调控机理研究。在此基础上，继续采用该 DEM 数据，开展不同植被格局条件下侵蚀产沙的差异性研究。本书采用初始状态下垫面高程数据减去第 2 次降雨后的下垫面高程数据（Rain 0-Rain 2），即采用 DEM 数据的差值来反映整个降雨过程中的侵蚀产沙量结果。本次扫描水平方向测量精度为 1mm，对于 1m×13m 的坡沟系统而言，每次扫描得到的点云数据达到 13000000 个。为了兼顾计算速度和计算精度，本书采用 10mm×10mm 的间距对原始 DEM 点云数据进行了差值处理。在有植被的情况下（植被格局 B、C、D、E），由于草带的存在会影响 DEM 的观测结果，因此在数据处理中去除了草带部位的噪点数据。最终获得的高程差值个案数要少于裸坡时的情况，其个案处理摘要如表 5-1 所示。

表 5-1 不同植被格局条件下第 2 次降雨后下垫面高程差值个案处理摘要

植被格局	个案					
	有效		缺失		总计	
	个案数	百分比/%	个案数	百分比/%	个案数	百分比/%
A	133345	100.0	0	0.0	133345	100
B	111100	83.3	22245	16.7	133345	100
C	111100	84.6	22245	16.7	133345	100
D	111100	84.4	22245	16.7	133345	100
E	111100	84.8	22245	16.7	133345	100

本书采用 SPSS 23.0 统计软件对获取的高程差值进行统计分析，其统计结果和箱图如表 5-2 和图 5-1 所示。在实际降雨侵蚀产沙的过程中，同样也会伴随着泥沙沉积的过程，按照 Rain 0-Rain 2 计算侵蚀量和沉积量，正值代表侵蚀，负值代表沉积。

由表 5-2 和图 5-1 可以看出，两次降雨后的下垫面高程差值的最小值均为负值，均值和中位数皆为正值，其高程分布大部分位于红线（高程=0m）之上，说明不同植被格局下降雨过程均伴随着泥沙的沉积和侵蚀，但以侵蚀产沙过程为主。不同植被格局条件下的高程差值的均值大小依次为：E>D>B>A>C，与上述的产沙量的排序结果基本一致。只是植被格局 A 和植被格局 B 稍有变化，植被格局 A 条件下的均值低于植被格局 B 的均值。究其原因，一是均值涉及沉积（负值）作用的影响，不单单仅是侵蚀（正值）的影响；二是样本案例数相差较大，均值和总值相差较大。

表 5-2　不同植被格局条件下第 2 次降雨后下垫面高程差值统计结果（单位：mm）

植被格局	平均数	中位数	方差	标准差	最小值	最大值	全距
A	8.1392	2.9735	565.184	23.7736	−29.7255	173.6143	203.3398
B	10.0183	7.6852	285.319	16.8914	−57.5511	105.2502	162.8013
C	2.4229	2.3434	141.053	11.8766	−46.1302	110.3256	156.4558
D	20.0050	7.6292	1459.395	38.2020	−56.5830	186.0587	242.6417
E	21.6217	20.2762	1099.559	33.1596	−32.9679	198.3808	231.3487

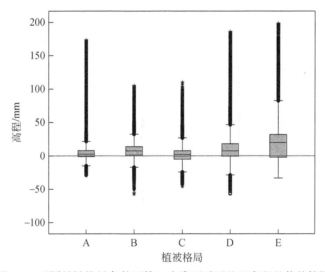

图 5-1　不同植被格局条件下第 2 次降雨后下垫面高程差值的箱图

由表 5-2 中的标准差和方差数据以及图 5-1 中的分散程度可以看出，DEM 差值数据的分散程度和侵蚀产沙均值数据排序一致，反映了侵蚀产沙的剧烈程度与侵蚀产沙量存在正比关系。植被格局 D 和植被格局 E 条件下，DEM 差值数据分散程度最大，数据上边缘和下边缘，即"须"的范围超出了主体的范围，异常值和极端值的分布范围更是超越了"须"的范围，说明 DEM 差值数据波动剧烈，侵蚀产沙过程剧烈。植被格局 A 的主体和"须"的范围最小，但异常值和极端值范围接近于植被格局 D、E，最大值也接近于植被格局 D、E，表明其侵蚀输沙过程也十分剧烈。并且植被格局 A、D、E 条件下的下四分位数基本都位于红线（高程=0m）之上或接近于红线，说明三种植被格局条件下 75% 的 DEM 差值数据都为正值，说明侵蚀发育过程十分剧烈（图4-8）。

植被格局 B 条件下，尽管 75% 的 DEM 差值数据都为正值，以侵蚀产沙为主，泥沙沉积为辅，但"须"的范围同主体范围接近，异常值和极端值的分布范围稍稍超越了"须"的范围，数据分散程度较小，说明植被格局 B 条件下侵蚀输沙过程的剧烈程度已经得到了缓解，植被调控细沟侵蚀发育的作用已经开始体现。植被格局 C 条件下，仅有 52% 的 DEM 差值数据为正值，其"须"的范围与异常值和极端值的分布范围也都进一步缩小，数据分散程度最小，表明下垫面接近一半区域以泥沙沉积为主，分布范围很广，其侵蚀输沙过程的剧烈程度已经有缓解的迹象，植被的调控侵蚀作用在一定程度上限制了细沟的侵蚀发育，这一点从图4-8所反映的降雨后细沟形态侵蚀发育也可以得到印证。值得注意的是，尽管沉积面积达到48%，分布范围很广，但具体的泥沙侵蚀与沉积程度以及植被调控侵蚀的作用强度还需要作进一步分析。

图 5-2 展示了其 DEM 差值数据为正值时，也就是侵蚀物质的高程数据分布情况。从图 5-2 可以看出，不同植被条件下，粗实线（中位数）未超过或者接近于其他植被数据的"须"的范围；但是，其异常值和极端值的分布范围却远远超出了"须"的范围，说明不同植被条件下的侵蚀产沙的确存在显著差异，但究竟何种植被条件下的侵蚀产沙量存在显著差异，需要对侵蚀物质高程数据进行进一步方差分析。

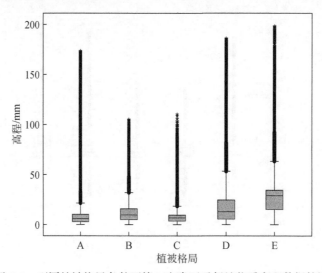

图 5-2　不同植被格局条件下第 2 次降雨后侵蚀物质高程数据箱图

本书采用 SPSS 23.0 统计软件，对不同植被格局条件下，第 2 次降雨后的侵蚀物质高程数据进行单因素方差分析，如表 5-3 所示。从表 5-3 可以看出，第 2 次降雨后侵蚀物质高程数据的 F 检验值远远大于 1，这说明组间方差远远大于组内方差。此外，观察的显著性水平 sig 值为 0.00，远远小于 0.05，因此可以拒绝原假设，即认为不同植被格局条件下，第 2 次降雨后的侵蚀物质高程数据均值存在明显差异，说明不同植被格局对侵蚀产沙影响较大，在 $p < 0.05$ 水平上存在明显差异。

表 5-3　不同植被格局条件下第 2 次降雨后侵蚀物质高程数据单因素方差分析

植被格局	偏差平方和	自由度	均方差	F 值	显著性水平
组间	36910151.105	4	9227537.776	11690.752	0.000
组内	316839378.594	401417	789.302		
总和	353749529.699	401421			

在试验范围内，对不同植被格局条件下的侵蚀物质高程数据进行方差分析，可以明确具体植被格局所带来的侵蚀产沙差异。由于本试验无重复设计，不能计算方差的齐次性，故采用 S-N-K（Student-Newman-Keuals）法进行均数之间的两两比较（卢纹岱，2000），sig<0.05 表示差异显著。表 5-4 显示了不同植被格局条件下侵蚀物质高程数据的多重验后检验计算结果。

在侵蚀物质高程均衡子集（表 5-4）中，第一均衡子集（Subset=1 列）仅包含植被格局 C，均数为 8.7752，均数比较的概率 p 值为 1.00，远远大于 0.05，接受零假设，即可以认为植被格局 C 条件下侵蚀物质高程与其他格局的差异显著。第二均衡子集（Subset=2 列）包含植被格局 B、植被格局 A，均数分别为 13.7874 和 13.8342，均数比较的概率 p 值为 0.740，远远大于 0.05，即可以认为植被格局 B 和植被格局 A 条件下的侵蚀物质高程无明显差异，而与其他格局差异较为显著。第三均衡子集（Subset=3 列）仅包含植被格局 D，均数分别为 29.0552，均数比较的概率 p 值为 1.000，远远大于 0.05，即可以认为植被格局 D 条件下侵蚀物质高程与其他格局的差异显著。第四均衡子集（Subset=4 列）仅包含植被格局 E，均数分别为 34.0236，均数比较的概率 p 值为 1.000，远远大于 0.05，即可以认为植被格局 E 条件下侵蚀物质高程与其他格局的差异显著。

表 5-4　不同植被格局条件下第 2 次降雨后侵蚀物质高程数据因素多重验后检验

植被格局	均衡子集			
	1	2	3	4
C	8.7752			
B		13.7874		
A		13.8342		
D			29.0552	
E				34.0236
显著性	1.000	0.740	1.000	1.000

注：将显示齐性子集中各个组的平均值。

a. 使用调和平均值样本大小=79250.070。

b. 组大小不相等。使用了组大小的调和平均值。无法保证 I 类误差级别。

综合以上分析可知，由于植被格局（空间位置）的不同，不同位置的草带布设下的侵蚀物质高程存在显著差异，说明不同植被格局条件下的侵蚀产沙量在 $p<0.05$ 水平上存在显著差异。将侵蚀物质高程均值的差异组别分为四组，组内无明显差异，各组间差异较为显著。各组分别为：

第一组：植被格局 C。

第二组：植被格局 B、植被格局 A。

第三组：植被格局 D。

第四组：植被格局 E。

第一组至第四组侵蚀物质高程依次增大，组内侵蚀物质高程按前后顺序依次增大。

侵蚀物质的高程数据在一定程度上反映了各自植被格局条件下的侵蚀产沙量的大小。从侵蚀物质高程差异性分析结果可以看出，不同植被格局条件下侵蚀产沙总量在 $p<0.05$ 水平上存在明显差异。植被格局 C 条件下的侵蚀物质高程最小，同裸坡（植被格局 A）和其他植被格局差异显著，表明此时植被格局 C 条件下的侵蚀输沙过程的剧烈程度已经得到了大幅度缓解，植被的调控作用有效地控制了细沟的侵蚀发育（图4-8）。植被格局 B 虽然有草带的植入，其侵蚀物质高程均值与裸坡条件相比未有显著差别，其均值仅稍有减小，表明此时侵蚀输沙过程的剧烈程度虽然得到了一定程度的缓解，但植被措施调控细沟侵蚀发育的作用较植被格局 C 稍弱，植被调控侵蚀作用有限，侵蚀产沙量并未有显著减少。植被格局 D、E 条件下，其侵蚀物质高程均值在 $p<0.05$ 水平上明显高于其他植被格局，说明由于不合理的草带的布设，其侵蚀发育程度更为剧烈（图4-8、图4-9 和图5-1），加剧了细沟侵蚀的发育，也验证4.5 节得出的结论。

本书采用 10mm×10mm 间距对原始 DEM 点云数据进行了差值处理，计算了各个植被格局条件下侵蚀产沙物质总体积，其数学表达式如下：

$$V_{\mathrm{E}} = \sum H_i S \tag{5-1}$$

式中，V_{E} 为侵蚀产沙物质总体积；H_i 为 DEM 点云数据点高程；S 为面积（10mm×10mm）。

图5-3 可以看出，在不同植被格局条件下，第 2 次降雨后的侵蚀产沙总体积的排序与两场降雨后侵蚀产沙总量排序一致，皆为 E>D>A>B>C（表4-2）。并将侵蚀产沙物质总体积与产沙量进行了函数拟合，拟合结果如图5-4 所示，其拟合函数为 $V=31.19M+9.21$（V 为体积，M 为产沙量），判定系数 $R^2 = 98.16\%$，表明本次研究中地表微地貌扫描结果以及微地貌分析技术的合理性和准确性。

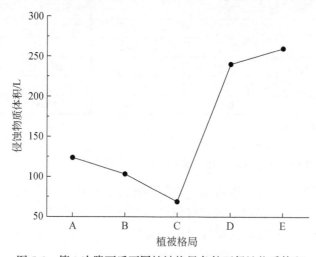

图5-3　第 2 次降雨后不同植被格局条件下侵蚀物质体积

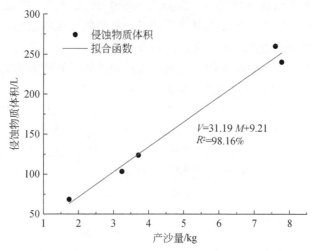

图 5-4　第 2 次降雨后不同植被格局条件下侵蚀物质体积与侵蚀产沙量回归结果

5.2　植被格局下坡沟系统侵蚀产沙来源空间辨识

在 4.5 节和 5.1 节中，应用下垫面高程数据反映了不同植被格局条件下的侵蚀产沙特征、差异性情况，阐明了不同植被格局之间的侵蚀输沙过程的波动程度、侵蚀方式，揭示了草带对坡沟系统细沟侵蚀发生、发展的调控作用机理。

在以上分析的基础上，本节开展各自植被格局条件下，侵蚀产沙来源的空间分析。前人研究中，多采用稀土元素示踪技术（REE）揭示坡沟系统侵蚀产沙来源，已经取得了一定的研究成果（李勉等，2002）。但在试验系统内，由于适用性和操作手段上存在一定的难题，定量化侵蚀产沙来源方面，还存在一定弊端。为了解决该问题，本书在降雨试验过程中采用三维激光扫描技术，测量了降雨前后的地表微地貌变化情况。因此，本阶段继续采用所获取的降雨前后的下垫面 DEM 数据，用来定量刻画各个坡段的泥沙沉积以及侵蚀产沙的变化情况，开展坡沟系统侵蚀产沙的辨识与解析的研究。

该坡沟系统试验模型长为 13m，宽为 1m。本书将坡沟系统划分为 13 个坡段，从上至下，从坡面至沟道依次为坡段 1、坡段 2、坡段 3，……，坡段 11、坡段 12、坡段 13，其中坡面包括 8 个坡段（坡段 1～坡段 8），沟道包括 5 个坡段（坡段 9～坡段 13）。每个坡段尺寸为 1m×1m，依然采用 4.5 节的 Rain 0-Rain 2 的差值处理数据进行分析。

5.2.1　植被格局 A 条件下侵蚀产沙来源辨识

在 5.1 节基础上，本节继续采用 SPSS 23.0 统计软件，对各个植被格局条件下，第 2 次降雨后的 13 个（有植被为 12 个）坡段的侵蚀物质以及沉积物质高程进行单因素方差分析，绘制各个植被格局 13 个坡段的侵蚀物质高程均值以及沉积物质高程均值情况，如图 5-5 ～图 5-9 所示。同时，由于在试验范围内无重复设计，不能计算方差的齐次性，故采用 S-N-K

法进行均数之间的两两比较（卢纹岱，2000），sig<0.05 表示差异显著。表 5-5 ~ 表 5-9 列举了对各个植被格局条件下，第 2 次降雨后的各个坡段的侵蚀物质的多重验后检验计算结果，主要辨识坡沟系统侵蚀产沙的主要来源以及差异性。

由图 5-5 可以看出，在裸坡条件下各个坡段的侵蚀物质高程数据均存在一定的波动与反复。沟道（坡段 9 ~ 坡段 13）的高程均值明显要高于坡面（坡段 1 ~ 坡段 8），且波动程度更为剧烈，说明沟道侵蚀程度较坡面严重。坡面范围内，坡段 1 ~ 坡段 4 侵蚀物质高程虽有增加，但增幅逐渐减小，均值缓慢增加，说明径流侵蚀程度较轻。在坡段 5 位置处，侵蚀物质高程突然增大，侵蚀强度迅速加剧，而此位置恰与坡面范围内径流流速开始加速的位置一致 ［图 4-5 （a）］。说明坡段 5 是裸坡条件下坡面径流流速第 1 次加速的部位，也是坡面侵蚀最为严重部位，同样也是坡面侵蚀产沙的主要来源部位。径流经过坡段 5 之后，挟带了较多的泥沙，径流动能开始降低，使得径流流速趋于稳定 ［图 4-5 （a）］，径流携运泥沙的能力减弱，导致在坡段 6 位置处沉积物高程突然下降，沉积最为严重 ［图 5-5 （b）］；致使在坡段 6 ~ 坡段 8 侵蚀物质高程下降并趋于稳定，侵蚀程度稍有下降。

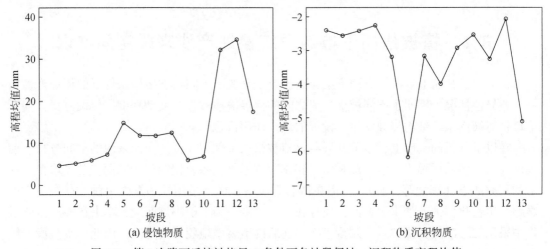

(a) 侵蚀物质　　　　　　　　　　　　　(b) 沉积物质

图 5-5　第 2 次降雨后植被格局 A 条件下各坡段侵蚀、沉积物质高程均值

当径流刚进入沟道范围内，在坡段 9、坡段 10 处，虽然径流流速有所增大 ［图 4-5 （a）］，但此时挟带了较多的泥沙，径流含沙量较大，导致此时径流携运泥沙的能力和径流动能仍处于较低水平，侵蚀产沙量进一步下降。径流进入坡段 11、坡段 12 时，变陡的沟道赋予了径流较大的能量，此时径流流速大幅度增加达到峰值（图 4-5），径流剪切力进一步增加；同时径流含沙量开始降低，使得径流携运泥沙的能力得以提升，导致侵蚀物质高程大幅增加，侵蚀强度达到峰值。说明坡段 11、坡段 12 部位是坡沟系统径流流速峰值部位，也是沟道侵蚀最为严重部位，同样也是沟道侵蚀产沙的主要来源部位。径流进入沟道底部（坡段 13 部位），径流含沙量的增大以及径流流速的降低（图 4-5），使得径流携运泥沙能力和径流剪切力降低，导致径流能量减少，侵蚀强度减低，侵蚀物质高程均值出现了类似于坡段 9 时的下降；同样在坡段 13 位置处沉积物高程突然下降，沉积最为严重 ［图 5-5 （b）］。

纵观第2次降雨后植被格局A条件下各坡段侵蚀物质高程因素多重验后检验结果（表5-5），各个坡段的侵蚀产沙存在显著差异。借鉴上述分析，将13个坡段的侵蚀产沙情况分为7组均衡子集。组内无明显差异，各组间差异在$p<0.05$水平上较显著。各组分别如下。

第一组：坡段1、坡段2、坡段3、坡段9。

第二组：坡段10、坡段4。

第三组：坡段7、坡段6、坡段8。

第四组：坡段5。

第五组：坡段13。

第六组：坡段11。

第七组：坡段12。

第一组至第七组侵蚀物质高程依次增大，组内侵蚀物质高程按前后顺序依次增大。

表5-5　第2次降雨后植被格局A条件下各坡段侵蚀物质高程因素多重验后检验

坡段	均衡子集						
	1	2	3	4	5	6	7
1	4.6184						
2	5.1134						
3	5.8830						
9	5.9495						
10		6.7620					
4		7.2566					
7			11.7361				
6			11.8032				
8			12.4570				
5				14.8249			
13					17.4277		
11						32.1629	
12							34.6103
显著性	0.264	0.116	0.234	1.000	1.000	1.000	1.000

注：将显示齐性子集中各个组的平均值。

a. 使用调和平均值样本大小 = 6633.284。

b. 组大小不相等。使用了组大小的调和平均值。无法保证I类误差级别。

侵蚀物质的高程可以反映各自植被格局条件下侵蚀产沙量的大小。从表5-5可以看出，坡段5、坡段13、坡段11和坡段12是整个坡沟系统侵蚀产沙最为严重的部位，同其他坡段的侵蚀产沙量在$p<0.05$水平上存在显著差异。总体来说，在试验条件下，裸坡条件下的坡沟系统内，坡面长度60%的位置是坡面径流流速第1次加速的部位，该部位是坡面范围内侵蚀最为严重的部位，同样也是坡面侵蚀产沙的主要来源部位。沟道中部和中下

部是坡沟系统径流流速峰值部位，该部位是沟道范围内侵蚀最为严重的部位，同样也是坡沟系统侵蚀产沙的主要来源部位。

5.2.2　植被格局 B 条件下侵蚀产沙来源辨识

图 5-6 展示了植被格局 B 条件下，第 2 次降雨后各个坡段侵蚀、沉积物质高程均值变化情况。植被格局 B 条件下，草带布设于坡段 7 和坡段 8 部位；同裸坡相比（图 5-5），各个坡段的侵蚀物质高程值以及数据的波动和反复程度都稍有减弱，表明植被格局 B 条件下的侵蚀产沙数据分散程度已经有所减小，侵蚀输沙过程的剧烈程度已经得到了一定的缓解，植被调控细沟侵蚀发育的作用已经得到体现，这也与图 4-8 所得出的结论一致。

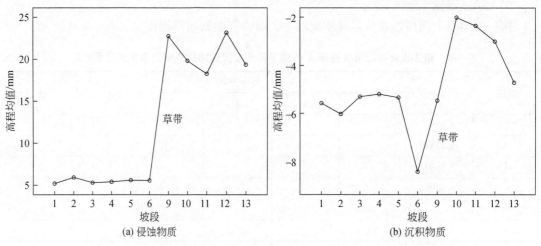

(a) 侵蚀物质　　　　　　　　　　　　　(b) 沉积物质

图 5-6　第 2 次降雨后植被格局 B 条件下各坡段侵蚀、沉积物质高程均值

沟道范围内（坡段 9 ~ 坡段 13）的高程均值明显要高于坡面（坡段 1 ~ 坡段 8），且高程数据波动程度更为剧烈，表明沟道侵蚀程度较坡面严重，这与裸坡的情况一致。坡面范围内，坡段 1 ~ 坡段 6 侵蚀物质高程变化不大，侵蚀物质高程均值均属于同一组均衡子集（表 5-6），说明该范围内侵蚀产沙无明显差异，且坡段 1 ~ 坡段 6 范围内侵蚀产沙处于试验范围内的最低水平。同裸坡情况下相似的是，径流经过坡段 5 之后，径流动能开始减少，导致径流流速趋于稳定（图 4-5），径流含沙量增加，径流携运泥沙的能力减弱，在坡段 6 位置处沉积物高程突然下降，沉积量最多，沉积最为明显 [图 5-6（b）]。

表 5-6　第 2 次降雨后植被格局 B 条件下各坡段侵蚀物质高程因素多重验后检验

坡段	均衡子集				
	1	2	3	4	5
1	5. 2052				
3	5. 3189				
4	5. 4270				

坡段	均衡子集				
	1	2	3	4	5
6	5.5730				
5	5.6095				
2	5.9348				
11		18.2698			
13			19.3694		
10				19.8303	
9					22.7599
12					23.1652
显著性	0.405	1.000	1.000	1.000	1.000

注：将显示齐性子集中各个组的平均值。

a. 使用调和平均值样本大小 = 7892.519。

b. 组大小不相等。使用了组大小的调和平均值。无法保证 I 类误差级别。

径流经过坡段 7、坡段 8 部位的草带后，径流含沙量较低的径流直接进入沟道，径流更为集中，此时径流流速大幅度增加 [图 4-5（b）]，径流剪切力进一步增加，导致径流携运泥沙的能力和径流动能大幅度提升，侵蚀物质高程大幅增加，沉积物质减少，侵蚀强度进一步增强，在坡段 9 达到侵蚀峰值。随后的坡段范围内，随着径流挟带泥沙数量的不断变化，含沙量以及径流动能出现波动与反复，导致径流携运泥沙的能力和径流剪切力出现波动，使得径流对沟道侵蚀作用程度强弱交替波动，导致侵蚀物质高程均值出现反复和波动，产沙过程出现波动（图 4-3）。

纵观第 2 次降雨后植被格局 B 条件下各坡段侵蚀物质高程因素多重验后检验结果（表 5-6），主要在沟道范围内各个坡段的侵蚀产沙存在显著差异，坡面各坡段侵蚀产沙无明显差异。类似于表 5-4 的分析方法，可将 11 个坡段的侵蚀产沙差异情况分为 5 组均衡子集。组内无明显差异，各组间差异在 $p < 0.05$ 水平上较为显著。各组分别如下。

第一组：坡段 1、坡段 3、坡段 4、坡段 6、坡段 5、坡段 2。

第二组：坡段 11。

第三组：坡段 13。

第四组：坡段 10。

第五组：坡段 9、坡段 12。

第一组至第五组侵蚀物质高程依次增大，组内侵蚀物质高程按前后顺序依次增大。

侵蚀物质的高程反映了各自植被格局条件下侵蚀产沙量的大小。从表 5-6 可以看出，坡段 11、坡段 13、坡段 10 和坡段 9、坡段 12 是整个坡沟系统侵蚀产沙最为严重的部位，同其他坡段的侵蚀产沙量在 $p < 0.05$ 水平上存在显著差异。

总体来说，草带种植于坡段 7 和坡段 8 的植被格局 B 条件下的坡沟系统内，坡面范围内的侵蚀产沙发育程度较低；沟道是坡沟系统径流流速峰值部位，也是沟道侵蚀产沙的主要来源部位。

5.2.3　植被格局 C 条件下侵蚀产沙来源辨识

图 5-7 展示了植被格局 C 条件下，第 2 次降雨后各坡段侵蚀、沉积物质高程均值变化情况。格局 C 条件下，草带布设于坡段 5 和坡段 6 部位。同裸坡和植被格局 B 相比（图 5-5、图 5-6），各个坡段的侵蚀物质高程值以及数据的波动程度均有大幅度减少，侵蚀物质高程均值峰值已有大幅度降低，表明侵蚀产沙数据分散程度最小，侵蚀输沙过程的剧烈程度已经得到了大幅度缓解，此时的草带布设有效控制了细沟侵蚀的发生与发展，植被调控细沟侵蚀发育的作用已经得到充分的体现，这也与图 5-1 所得出的结论一致。

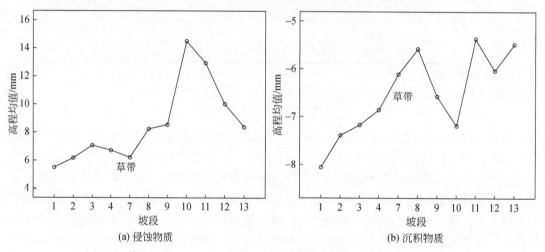

图 5-7　第 2 次降雨后植被格局 C 条件下各坡段侵蚀、沉积物质高程均值

同裸坡和植被格局 B 类似，沟道（坡段 9～坡段 13）的高程均值明显要高于坡面（坡段 1～坡段 8），且波动程度相对较为剧烈，表明沟道侵蚀程度较坡面严重。坡面范围内，坡段 1～坡段 3 侵蚀物质高程虽有增加，但增幅较小，增加缓慢，说明径流侵蚀程度较弱。在坡段 4 部位，侵蚀物质高程均值小幅降低，这是由于此时径流挟带了较多的泥沙，含沙量较大，因此此时径流携运泥沙的能力和径流动能仍处于较低水平，侵蚀产沙量下降。径流经过位于坡段 5 和坡段 6 的草带后，虽然经过草带的过滤，径流含沙量降低，可能会导致径流输沙能力增加，径流侵蚀能力增强；但草带正好布设于裸坡条件下径流流速开始加速的位置，有效地抑制了径流流速的增加，大幅降低了径流动能，导致坡段 7 部位的侵蚀能力降低，侵蚀产沙量下降。径流经过坡面的最后一个坡段 8，径流含沙量开始降低，径流携运泥沙的能力增强，侵蚀能力提升，侵蚀产沙量略有增高。

径流进入沟道后，径流更为集中，此时径流流速开始增加 [图 4-5（c）]，坡段 9 和坡段 10 部位的径流剪切力增大，径流输沙能力增大，导致径流携运泥沙的能力和径流动能提升，侵蚀物质高程增加，沉积物质减少 [图 5-7（b）]，侵蚀强度增强。但由于植被格局 C 条件下，草带位于坡面长度 60% 的位置，该位置正好也是裸坡条件下坡面径流流速开始加速的部位，有效控制了径流流速的发展，削弱了径流的侵蚀能量和径流携运泥沙的能力。因此在该情况下，虽然径流在进入沟道后，径流侵蚀的各项指标都在增长，但增长幅度相比植被格局 B 要小很多；同时在坡段 11～坡段 13，侵蚀物质高程并未出现之前的反复和波动，而是一直下降，此时径流动能降低，径流剪切力减小，侵蚀能力也得到了有效控制，侵蚀产沙量一直降低。

表 5-7　第 2 次降雨后植被格局 C 条件下各坡段侵蚀物质高程因素多重验后检验

坡段	均衡子集						
	1	2	3	4	5	6	7
1	5.4956						
2		6.1762					
7		6.2120					
4			6.7235				
3			7.0728				
8				8.2447			
13				8.3865			
9				8.5505			
12					10.0199		
11						12.9430	
10							14.4965
显著性	1.000	0.861	0.088	0.293	1.000	1.000	1.000

注：将显示齐性子集中各个组的平均值。

a. 使用调和平均值样本大小 = 5864.833。

b. 组大小不相等。使用了组大小的调和平均值。无法保证 I 类误差级别。

纵观第 2 次降雨后植被格局 C 条件下各坡段侵蚀物质高程因素多重验后检验结果（表 5-7），主要在沟道的各个坡段的侵蚀产沙差异较大，坡面各坡段侵蚀产沙差异变化不大。类似于表 5-4 的分析方法，可将 11 个坡段的侵蚀产沙差异情况分为 7 组均衡子集。组内无明显差异，各组间差异在 $p<0.05$ 水平上较为显著。各组分别如下。

第一组：坡段 1。

第二组：坡段 2、坡段 7。

第三组：坡段 4、坡段 3。

第四组：坡段 8、坡段 13、坡段 9。

第五组：坡段 12。

第六组：坡段 11。

第七组：坡段 10。

第一组至第七组侵蚀物质高程依次增大，组内侵蚀物质高程按前后顺序依次增大。

侵蚀物质的高程反映了各自植被格局条件下的侵蚀产沙量的大小。从表 5-7 可以看出，坡段 12、坡段 11 和坡段 10 是整个坡沟系统侵蚀产沙最为严重的部位，同其他坡段的侵蚀产沙量在 $p<0.05$ 水平上存在显著差异。总体来说，草带种植于坡段 5 和坡段 6 的植

被格局 C 条件下的坡沟系统内，坡面的侵蚀产沙发育程度在试验范围内达到最低；此时沟道中部区域是坡沟系统径流流速峰值部位，该部位是沟道范围内侵蚀最为严重区域，同样也是沟道侵蚀产沙的主要来源部位。

5.2.4　植被格局 D 条件下侵蚀产沙来源辨识

图 5-8 展示了植被格局 D 条件下，第 2 次降雨后各坡段侵蚀、沉积物质高程均值变化情况。植被格局 D 条件下，草带布设于坡段 4 和坡段 5 部位。同裸坡（图 5-5）相比，各个坡段的侵蚀物质高程值以及数据的波动和反复程度均有大幅度增加，侵蚀物质高程均值峰值也有大幅度提升，表明其侵蚀产沙数据分散程度进一步增大，侵蚀输沙过程的剧烈程度进一步加剧，植被格局 D 进一步加剧了细沟侵蚀的发育程度，说明不合理的植被格局会加剧细沟侵蚀发育，这也与 5.1 节和图 5-1 所得出的结论一致。

同裸坡（植被格局 A）和植被格局 B、植被格局 C 情况类似，沟道（坡段 9～坡段 13）的高程均值要明显高于坡面（坡段 1～坡段 8），且波动程度更为剧烈，表明沟道侵蚀程度较坡面严重。但与裸坡和植被格局 B、植被格局 C 有所不同的是，坡面以及沟道整个范围内，其侵蚀物质高程均值以及增加趋势十分明显，涨幅较大。

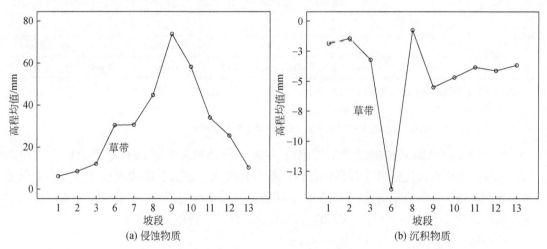

(a) 侵蚀物质　　　　　　　　　　　　(b) 沉积物质

图 5-8　第 2 次降雨后植被格局 D 条件下各坡段侵蚀、沉积物质高程均值

坡段 1～坡段 3 侵蚀物质高程平稳增加，径流对坡面存在一定的侵蚀，但程度较轻。径流经过位于坡段 4 和坡段 5 的草带后，一方面径流流速处于快速加速阶段 [图 4-5 (d)]，径流剪切力增大；另一方面经过草带过滤后，坡段 6 部位的径流含沙量降低，径流携运泥沙的能力增强。因此，在双重因素的作用下，坡段 6 部位处的径流输沙能力增加，侵蚀能力增强，侵蚀物质高程大幅提升。同时也注意到，经过坡段 4 和坡段 5 的草带的拦截，会有大量的泥沙沉积在坡段 6，是整个坡段泥沙沉积最为严重的部位。径流经过坡段 7，径流含沙量增大，径流携运泥沙能力减小；但此时径流流速依然快速增长，径流能量依然很大，最终导致径流侵蚀能力有所增强，侵蚀物质高程略有提升。径流经过坡面的最后一个

坡段 8，径流含沙量开始降低，径流流速进一步增大，径流动能进一步增加，导致径流携运泥沙的能力迅速增强，径流剪切力大幅增大，侵蚀能力大幅提升，导致坡段 8 位置处的沉积物质迅速减少［图 5-8（b）］，最终侵蚀产沙量大幅增加，达到坡面侵蚀产沙峰值。

径流进入沟道后，径流更为集中，此时径流流速继续大幅增加［图 4-5（d）］，坡段 9 部位的径流剪切力大幅度增大，径流输沙能力增大，导致径流携运泥沙的能力和径流动能达到沟道范围峰值，侵蚀物质高程大幅增加，侵蚀强度亦达到峰值。坡段 10 ~ 坡段 13，尽管其侵蚀产沙量都是持续下降，但原因截然不同。径流经过坡段 10 ~ 坡段 12，尽管经过了侵蚀产沙高峰，径流含沙量开始增加，径流输沙能力开始下降，导致侵蚀产沙量开始逐渐下降；但植被格局 D 条件下的草带布设位置相对靠上，草带以下的裸坡区域为径流提供了足够的加速空间，因此径流流速和径流动能在此区域一直处于很高的水平［图 4-5（d）］，侵蚀能力也处于很高的水平，侵蚀产沙量依然很大。而径流经过沟道最后一个坡段 13，经过了高水平的侵蚀产沙之后，径流含沙量增大，导致径流输沙能力减小；径流动能经过了坡段 10 ~ 坡段 12 的持续消耗，开始下降，径流流速减小，侵蚀能力减弱，侵蚀产沙量开始降低。

纵观第 2 次降雨后植被格局 D 条件下各坡段侵蚀物质高程因素多重验后检验结果（表 5-8），其侵蚀产沙特点与裸坡和植被格局 B、植被格局 C 区别较大。植被格局 D 条件下，各个坡段的侵蚀产沙基本都存在显著差异，且起伏很大，11 个坡段的侵蚀产沙差异情况分为 10 组均衡子集。组内无明显差异，各组间差异在 $p < 0.05$ 水平上较为显著。各组分别如下。

第一组：坡段 1。

第二组：坡段 2。

第三组：坡段 13。

第四组：坡段 3。

第五组：坡段 12。

第六组：坡段 6、坡段 7。

第七组：坡段 11。

第八组：坡段 8。

第九组：坡段 10。

第十组：坡段 9。

表 5-8　第 2 次降雨后植被格局 D 条件下各坡段侵蚀物质高程因素多重验后检验

坡段	均衡子集									
	1	2	3	4	5	6	7	8	9	10
1	6.1821									
2		8.5170								
13			10.3058							
3				12.0762						
12					25.5621					

坡段	均衡子集									
	1	2	3	4	5	6	7	8	9	10
6						30.4228				
7						30.6299				
11							34.0988			
8								44.7312		
10									58.2682	
9										73.7655
显著性	1.000	1.000	1.000	1.000	1.000	0.747	1.000	1.000	1.000	1.000

注：将显示齐性子集中各个组的平均值。

a. 使用调和平均值样本大小 = 6181.305。

b. 组大小不相等。使用了组大小的调和平均值。无法保证 I 类误差级别。

　　第一组至第十组侵蚀物质高程依次增大，组内侵蚀物质高程按前后顺序依次增大。

　　侵蚀物质的高程反映了各自植被格局条件下侵蚀产沙量的大小。从表 5-8 可以看出，坡面以及沟道的各个坡段的侵蚀产沙均存在较大的差异。坡沟系统大部分区域的侵蚀产沙都较为严重；尤其在坡段 6 ~ 坡段 12 的范围内，侵蚀产沙更为严重，同其他坡段的侵蚀产沙量在 $p<0.05$ 水平上存在显著差异。总体来说，草带种植于坡段 4 和坡段 5 的植被格局 D 条件下的坡沟系统内，草带以下的裸坡区域为径流提供了足够的径流加速空间，导致径流流速在草带以下的范围内一直处于很高的水平，径流动能一直处于较高水平，导致坡面和沟道的侵蚀发育程度都很高，尤其在草带以下的坡面底部和沟道区域内径流侵蚀强烈，在沟道上部范围内达到峰值，这些部位是坡沟系统侵蚀产沙的主要来源部位。

5.2.5　植被格局 E 条件下侵蚀产沙来源辨识

　　图 5-9 展示了植被格局 E 条件下，第 2 次降雨后各坡段侵蚀、沉积物质高程均值变化情况。植被格局 E 条件下，草带布设于坡段 3 和坡段 4 部位，其侵蚀物质高程均值的变化情况与植被格局 D 条件下的变化情况极为相似。同裸坡以及其他植被格局相比，各个坡段的侵蚀物质高程值以及数据的波动和反复程度均有大幅度增加，侵蚀物质高程均值峰值也有大幅度增加，达到试验范围内峰值；表明其侵蚀产沙数据分散程度急剧增大，侵蚀输沙过程的剧烈程度亦达到峰值，植被格局 E 进一步加剧了细沟侵蚀的发育程度，说明不合理的植被格局会加剧细沟侵蚀发育，这与 5.1 节和图 5-1 所得出的结论一致。

　　同其他格局类似，沟道（坡段 9 ~ 坡段 13）的高程均值明显要高于坡面（坡段 1 ~ 坡段 8）均值，且波动程度更为剧烈，表明沟道侵蚀程度较坡面严重。与植被格局 D 类似，坡面以及沟道整体范围内，其侵蚀物质高程均值以及增加趋势十分明显，涨幅较大。坡段 1 和坡段 2 侵蚀物质高程平稳增加，径流对坡面存在一定的侵蚀，但程度较轻。径流经过位于坡段 3 和坡段 4 的草带后，一方面径流流速处于快速加速阶段［图 4-5（e）］，径流剪切力增加；另一方面经过草带过滤后，坡段 5 部位的径流含沙量降低，径流携运泥沙能

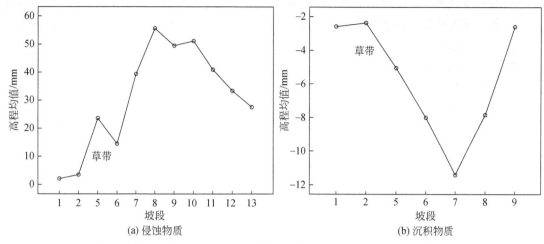

图 5-9　第 2 次降雨后植被格局 E 条件下各坡段侵蚀、沉积物质高程均值

力增大。因此，在双重因素的作用下，坡段 5 部位处的径流输沙能力增强，径流侵蚀能力增强，侵蚀物质高程大幅提升。同时也需要注意，径流经过坡段 3 和坡段 4 的草带的拦截，会有大量的泥沙沉积在坡段 5 ［图 5-9 (b)］。径流经过坡段 6，径流含沙量增大，径流携运泥沙能力减小，此时径流流速虽然增长，但增幅较小 ［图 4-5 (e)］，径流动能处于一个较低的水平，最终导致径流侵蚀能力有所降低，侵蚀物质高程减小，同样也会有大量的泥沙沉积在坡段 6。径流经过坡面的最后两个坡段 7、坡段 8，径流含沙量开始降低，径流输沙能力大幅增大，同时径流流速大幅增大 ［图 4-5 (e)］，径流剪切力大幅增加，径流动能进一步增加；在双重作用影响下，导致径流侵蚀能力大幅度提升，坡段 8 部位沉积物质迅速减少 ［图 5-9 (b)］，最终侵蚀产沙量大幅增加，侵蚀物质高程均值在坡段 8 达到峰值。

径流进入沟道后，经过了侵蚀产沙的高峰，径流含沙量增加，径流输沙能力开始下降，但是由于此时径流更为集中，径流流速继续增加 ［图 4-5 (e)］，坡段 9 部位的径流剪切力增大，最终导致坡段 9 部位侵蚀产沙量开始下降，但减幅较小。之后，径流进入坡段 10 部位，径流流速继续大幅增加 ［图 4-5 (e)］，径流剪切力大幅度增大，且含沙量开始减小，径流输沙能力增大，导致径流携运泥沙的能力和径流动能在沟道范围内达到峰值，侵蚀物质高程大幅增加，侵蚀强度再次增加。径流经过坡段 11 ～ 坡段 13 后，尽管经过了侵蚀产沙高峰，径流含沙量增加，径流输沙能力下降，导致侵蚀产沙量开始逐渐下降；但由于植被格局 E 的草带布设位置靠上，草带以下的更大的裸坡区域为径流提供了更多足够的加速空间，因此径流流速在此区域大幅增长 ［图 4-5 (e)］，径流动能一直处于较高水平，径流侵蚀能力也处于很高的水平，侵蚀产沙量依然很大。同时值得注意的是，在坡段 10 ～ 坡段 13 范围内，没有产生沉积物质 ［图 5-9 (b)］，这种情况在其他格局下并未发生，也说明了植被格局 E 条件下径流侵蚀剧烈强度。

纵观第 2 次降雨后植被格局 E 条件下各坡段侵蚀物质高程因素多重验后检验结果（表 5-9），其侵蚀产沙特点与裸坡格局和植被格局 B、植被格局 C 区别较大，但与植被格局 D 情况极为相似，各个坡段的侵蚀产沙均具有显著差异，层次分明，且波动程度很大，

11 个坡段的侵蚀产沙差异情况分为 11 组均衡子集。组内无明显差异，各组间差异在 $p <$ 0.05 水平上较为显著。各组分别如下。

第一组：坡段 1。

第二组：坡段 2。

第三组：坡段 6。

第四组：坡段 5。

第五组：坡段 13。

第六组：坡段 12。

第七组：坡段 7。

第八组：坡段 11。

第九组：坡段 9。

第十组：坡段 10。

第十一组：坡段 8。

表 5-9　第 2 次降雨后植被格局 E 条件下各坡段侵蚀物质高程因素多重验后检验

坡段	均衡子集										
	1	2	3	4	5	6	7	8	9	10	11
1	2.0849										
2		3.4859									
6			14.5116								
5				23.6380							
13					27.6013						
12						33.3883					
7							39.4105				
11								40.9955			
9									49.4991		
10										51.1841	
8											55.6586
显著	1.000	1.000	1.000	1.000	1.000	1.000	1.000	1.000	1.000	1.000	1.000

注：将显示齐性子集中各个组的平均值。

a. 使用调和平均值样本大小 = 4559.148。

b. 组大小不相等。使用了组大小的调和平均值。无法保证 I 类误差级别。

第一组至第十一组侵蚀物质高程依次增大。

侵蚀物质的高程反映了各自植被格局条件下侵蚀产沙量的大小。从表 5-9 可以看出，坡面以及沟道的各个坡段的侵蚀产沙均存在较大的差异。坡沟系统大部分区域的侵蚀产沙都较为严重；尤其在坡段 7 ~ 坡段 12 范围内，侵蚀产沙更为严重，同其他坡段的侵蚀产沙量在 $p < 0.05$ 水平上存在显著差异。总体来说，草带种植于坡段 3 和坡段 4 的植被格局 E 条件下的坡沟系统内，相比植被格局 D 而言，草带布设位置更为靠上，留给了草带以下更

多的裸坡区域，能够为径流提供更多的加速空间，使得径流流速在此区域一直处于很高的水平，径流动能一直处于较高水平；导致坡面和沟道的侵蚀产沙发育程度都很高，尤其在草带之后的坡面底部和沟道范围内径流侵蚀剧烈，在坡面底部和沟道上部达到产沙峰值，这些部位是整个坡沟系统侵蚀产沙的主要来源部位。

5.3 不同植被格局下坡沟系统侵蚀产沙来源解析

通过上述分析，本书已经从各个植被格局条件下不同坡段的侵蚀产沙量、沉积量均值差异的角度，定性辨识了坡沟系统侵蚀产沙来源主要部位，在此基础上，本书继续对坡沟系统侵蚀产沙来源进行定量解析研究。

本书计算求得了两次降雨后，不同植被格局条件下，各个坡段内的侵蚀物质体积，即单位面积侵蚀产沙体积，以及各个坡段侵蚀产沙体积占整个坡沟系统的侵蚀产沙体积的比例，坡面和沟道侵蚀产沙体积占整个坡沟系统的比例，计算结果如表 5-10 和表 5-11 所示。同时计算并测量了第 2 次降雨后的侵蚀产沙体积，侵蚀深度、宽度等侵蚀强度指标，如表 5-12 所示。

表 5-10 和表 5-11 列举了不同植被格局条件下，两次降雨后各个坡段的单位面积侵蚀产沙体积变化情况。通过对比表 5-10 和表 5-11 可以看出，第 1 次降雨和第 2 次降雨过程中，各个植被格局的侵蚀产沙的主要来源部位（表中加粗字体部分）基本一致，且各个坡段侵蚀产沙体积占整个坡沟系统的侵蚀产沙体积的比例，坡面和沟道侵蚀产沙体积占整个坡沟系统的比例也基本相似。同时第 1 次降雨后各个坡段的侵蚀产沙量为整个降雨过程（第 2 次降雨后）侵蚀产沙量的 60%~85%，占据了总侵蚀量的绝大部分。这也可以从表 4-2、表 4-6 以及图 4-8、图 4-9 得到印证。因此，在以下的侵蚀输沙来源分析中，仅对整个降雨过程，即第 2 次降雨后的数值进行分析。

从表 5-11 可以看出，裸坡（植被格局 A）条件下，整个坡沟系统的总侵蚀体积为 123.72L，平均值为 9.52L/m²。结合上述分析可知，裸坡条件下，坡面长度 60% 的位置（坡段 5）是坡面径流流速第 1 次加速的部位，导致该坡段侵蚀产沙量达到坡面范围内峰值，其侵蚀物质体积为 10.48L/m²，占整个坡沟系统侵蚀产沙的 8.48%，是坡面范围内侵蚀最为严重部位，同样也是坡面侵蚀产沙的主要来源部位。沟道范围内的中部、中下部以及下部（坡段 11~坡段 13）是坡沟系统径流流速峰值范围，是沟道范围内侵蚀最为严重部位，同样也是坡沟系统侵蚀产沙的主要来源部位。此时沟道中部、中下部以及下部 3m 长的坡段的侵蚀产沙物质体积总和为 68.76L，产沙率为 29.80kg/m²，占整个坡沟系统侵蚀产沙的 55.56%。这也可以从图 4-9（a）中得到印证，图中坡面部位仅很少一部分区域（坡段 5）出现起伏，且高程较小，侵蚀产沙量较少；高程较大的区域，即主要侵蚀产沙区域多集中在沟道中部、中下部和下部，此区域内侵蚀产沙物质 DEM 起伏较大，侵蚀较为剧烈。

表 5-10　第 1 次降雨后不同植被格局条件下各个坡段单位面积侵蚀产沙指标

范围	坡段	植被格局									
		A		B		C		D		E	
		体积/L	所占比例/%	体积/L	所占比例/%	体积/L	所占比例/%	体积/L	所占比例/%	体积/L	所占比例/%
坡面	1	0.68	0.93	1.07	1.25	2.13	4.77	3.63	2.17	0.40	0.23
	2	1.01	1.38	2.28	2.66	2.87	6.43	5.92	3.54	3.00	1.73
	3	2.24	3.06	2.74	3.19	3.27	7.35	8.22	4.92	—	—
	4	2.87	3.91	2.48	2.88	3.25	7.30	—	—	—	—
	5	**6.57**	**8.97**	3.22	3.75	—	—	**18.61**	**11.13**	**10.60**	**6.11**
	6	4.60	6.27	2.29	2.67	—	—	**21.92**	**13.11**	**8.23**	**4.74**
	7	3.75	5.12	—	—	3.21	7.20	**31.94**	**19.10**	10.23	5.89
	8	3.63	4.96	—	—	3.33	7.46	—	—	20.14	11.60
坡面小计比例			34.61		16.39		40.51		53.97		30.29
沟道	9	0.74	1.01	**17.22**	**20.05**	3.29	7.38	**37.73**	**22.57**	**38.56**	**22.20**
	10	1.55	2.12	**15.01**	**17.48**	**9.49**	**21.29**	**21.77**	**13.02**	**34.33**	**19.77**
	11	**10.60**	**14.47**	8.75	10.18	**7.38**	**16.56**	7.22	4.32	**19.56**	**11.26**
	12	**23.30**	**31.80**	**17.55**	**20.43**	3.64	8.17	5.87	3.51	16.64	9.58
	13	**11.72**	**16.00**	**13.28**	**15.46**	2.71	6.09	4.36	2.61	11.97	6.89
沟道小计比例			65.39		83.61		59.49		46.03		69.71
合计		73.26	100	85.89	100	44.57	100	167.19	100	173.66	100

注:"—"代表草带,数据为空;加粗字体代表侵蚀产沙主要来源部位;受四舍五入的影响,表中数据稍有偏差。

表 5-11 第 2 次降雨后不同植被格局条件下各个坡段单位面积侵蚀产沙指标

范围	坡段	A 体积/L	A 所占比例/%	B 体积/L	B 所占比例/%	C 体积/L	C 所占比例/%	D 体积/L	D 所占比例/%	E 体积/L	E 所占比例/%
坡面	1	3.22	2.60	2.91	2.81	3.05	4.44	5.21	2.17	0.53	0.20
	2	3.82	3.09	3.40	3.29	4.00	5.81	8.51	3.54	3.08	1.19
	3	4.17	3.37	3.08	2.98	4.46	6.50	11.80	4.92	—	—
	4	5.26	4.25	3.16	3.06	4.60	6.69	—	—	—	—
	5	**10.48**	**8.47**	3.26	3.15	—	—	—	—	11.86	4.56
	6	6.53	5.27	2.92	2.82	—	—	26.72	11.13	9.67	3.72
	7	6.79	5.49	—	—	4.66	6.77	31.49	13.11	14.26	5.49
	8	6.63	5.36	—	—	6.43	9.36	45.86	19.09	25.37	9.76
	坡面所占比例		37.90		18.11		39.57		53.96		24.93
沟道	9	3.56	2.88	**17.60**	**17.03**	6.16	8.96	**54.18**	**22.56**	**46.55**	**17.91**
	10	4.51	3.65	16.49	15.96	**11.69**	**17.01**	31.25	13.01	**49.52**	**19.06**
	11	**26.07**	**21.07**	15.09	14.59	**10.10**	**14.70**	10.37	4.32	39.66	15.26
	12	**29.13**	**23.55**	**19.26**	**18.63**	7.25	10.55	8.44	3.51	32.30	12.43
	13	13.55	10.95	16.21	15.68	6.34	9.22	6.33	2.64	27.05	10.41
	沟道所占比例		62.10		81.89		60.43		46.04		75.07
合计		123.72	100	103.38	100	68.72	100	240.16	100	259.86	100

注:"—"代表草带,数据为空;加粗字体代表侵蚀产沙主要来源部位;受四舍五入的影响,表中数据稍有偏差。

表 5-12　不同植被格局条件下第 2 次降雨后的侵蚀指标

植被格局	总侵蚀体积 /L	细沟侵蚀体积 /L	最大细沟侵蚀宽度 /mm	最大细沟侵蚀深度 /mm
A	123.72	68.33	218	173
B	103.38	46.23	153	105
C	68.72	21.14	91	110
D	240.16	182.32	536	186
E	259.86	203.92	558	198

从表 5-11 可以看出，植被格局 B 条件下，整个坡沟系统的总侵蚀体积为 103.38L，稍稍小于裸坡情况下的 123.72L，植被发挥了一定调控侵蚀的作用，但调控作用较弱。这点也可以从表 5-12 中各个侵蚀指标得到印证，侵蚀产沙体积和细沟侵蚀体积均有所减少，但减少幅度不大，分别减少了 16% 和 32% 左右，细沟侵蚀发育程度（宽度、深度）相比裸坡较弱，最大细沟侵蚀宽度、深度分别降低 30% 和 39% 左右。由于植被的调控径流与泥沙的作用，坡面侵蚀产沙始终处于试验范围内的最低水平，侵蚀产沙物质体积总和仅为 18.72L，占整个坡沟系统侵蚀产沙量的 18.11%，侵蚀发育程度最低，坡面侵蚀产沙物质 DEM 很小，基本没有起伏［图 4-9（b）］。但由于植被格局 B 条件下的草带调控侵蚀范围有限，仅在坡面范围内有效，对沟道范围侵蚀产沙的调控作用很弱，整个沟道范围内细沟侵蚀开始发育，侵蚀物质 DEM 较大，分布范围较广［图 4-9（b）］，侵蚀产沙量开始增加。此时，侵蚀产沙区域主要集中于整个沟道范围，是坡沟系统侵蚀产沙的主要来源部位，侵蚀物质体积总和为 84.66L，产沙率为 22.01kg/m²，占整个坡沟系统侵蚀产沙量的 81.89%。

与此相反，植被格局 C 条件下，草带布设于坡面 60% 位置，整个坡沟系统的总侵蚀体积为 68.72L，远远小于裸坡情况下的 123.72L，植被发挥了较强的调控侵蚀作用。这点也可以从表 5-12 中各个侵蚀指标得到印证，此条件下各个侵蚀指标与裸坡相比均有大幅度减少，总侵蚀体积和细沟侵蚀体积分别减少 44% 和 69% 左右，最大细沟侵蚀宽度和细沟侵蚀深度分别降低 58% 和 36% 左右，达到试验范围内的最低值。由于草带布设位置合理，其植被调控侵蚀产沙范围可以延伸至整个坡沟系统，使得坡面和沟道的侵蚀产沙一直处于较低水平。坡面侵蚀产沙总体积为 27.19L，占整个坡沟系统侵蚀产沙量的 39.57%；沟道侵蚀产沙水平达到试验范围内最低值，总和仅为 41.53L，占整个坡沟系统侵蚀产沙量的 60.43%，侵蚀发育程度最低。结合图 4-9（c）也可以看出，整个坡沟系统侵蚀产沙物质整体高程很小，高程数据分布较为均匀（图 5-1），基本没有起伏，仅有少部分起伏区域位于沟道中上部和中部（坡段 10 和坡段 11），是坡沟系统侵蚀产沙的主要来源部位，沟道中上部和中部其 2m 的坡段的侵蚀物质体积总和为 21.79L，产沙率仅为 14.16kg/m²，占整个坡沟系统侵蚀产沙量的 31.71%。

植被格局 D 和植被格局 E 条件下，不合理的草带布设，提供了足够的径流加速空间，已经超过了临界值，径流流速在该空间范围内快速增长，增加了径流剪切力，极大增强了径流侵蚀能力；同时经过草带的过滤，径流含沙量减小，增加了径流剥蚀率，使得侵蚀产沙剧烈程度与侵蚀产沙水平远远高于其他植被格局甚至裸坡时的情况（图4-8、图4-9、图5-1），导致坡面和沟道的侵蚀发育程度均处于较高水平。

植被格局D条件下，整个坡沟系统的总侵蚀体积为240.16L，远远大于裸坡情况下的123.72L，侵蚀程度得以加剧，植被调控侵蚀的作用很弱。这也可以从表5-12中得到印证，此条件下的侵蚀指标较裸坡相比均有较大幅度的增长，总侵蚀体积和细沟侵蚀体积分别增加94%和1.67倍左右，最大细沟侵蚀宽度和深度分别增加1.46倍和7.5%左右，侵蚀程度十分剧烈。如上所述，草带布设位置不尽合理，加剧了侵蚀，导致坡面和沟道的侵蚀发育程度均处于较高水平。此时坡段6～坡段11，即从沟道中部一直延伸至坡面中下部，此区域是坡沟系统侵蚀产沙最为严重的部位，也是系统内侵蚀产沙的主要来源部位，该范围内的侵蚀产物总体积达到199.87L，产沙率为43.30kg/m²，占整个坡沟系统侵蚀产沙量的83.22%。结合图4-9（d）可以看出，此时坡沟系统侵蚀产沙物质DEM起伏很大，整体高程较大，高程数据分布极不均匀（图5-1），大高程数据分布范围很广，从坡面下部一直延伸至沟道中部，侵蚀物质高程较大的区域集中于坡面下部至沟道中上部，侵蚀产沙区域主要集中于此。

植被格局E情况基本与植被格局D类似，整个坡沟系统的总侵蚀体积达到259.86L，远远大于裸坡情况下的123.72L，侵蚀程度进一步加剧，植被调控侵蚀的作用最弱，达到试验范围内峰值。这也可以从表5-12中得到印证，植被格局E条件下各个侵蚀指标与裸坡相比均有大幅度增加，总侵蚀体积和细沟侵蚀体积分别增加1.1倍和1.98倍左右，细沟侵蚀宽度和细沟侵蚀深度分别增加1.56倍和14%左右，达到试验范围内峰值。同植被格局D类似，草带布设位置不尽合理，进一步加剧了侵蚀，导致坡面和沟道的侵蚀发育程度均处于较高水平。此时坡段5～坡段13，即从沟道下部一直延伸至坡面中部，此区域是坡沟系统侵蚀产沙最为严重的部位，也是系统内侵蚀产沙的主要来源部位，该范围内的侵蚀产物总体积为256.25L，产沙率增至37.01kg/m²，占整个坡沟系统侵蚀产沙量的98.61%，侵蚀泥沙量以及侵蚀区域均达到试验范围内峰值，侵蚀程度最为剧烈。结合图4-9（e）也可以看出，此时整个坡沟系统侵蚀产沙物质DEM情况与植被格局D情况基本类似，起伏与落差很大，整体高程很大，高程数据分布极不均匀（图5-1），大高程数据分布范围很广。与植被格局D相比，植被格局E条件下，其侵蚀产沙物质的DEM起伏与落差更大，且大高程数据分布更为广泛，细沟侵蚀宽度最大（表5-12），侵蚀范围进一步扩大，从沟道下部一直延伸至坡面中部，侵蚀产沙区域主要集中于此，侵蚀程度更为剧烈，达到试验范围内峰值。

总体来说，在合理的植被格局B和植被格局C条件下，尽管草带的布设没有改变裸坡条件下的主要侵蚀位置，依然主要集中在沟道中部和中下部。但确实能够在一定程度上抑制和缓解径流加速空间与泥沙侵蚀空间的发展，降低径流流速，削弱坡沟系统侵蚀产沙的剧烈程度，使得侵蚀产沙水平有所降低，各个侵蚀指标均有明显降低。但这两种植被格局条件下的草带布设对侵蚀产沙的调控程度和范围是有所区别的。

植被格局B条件下的草带对径流流速的调控作用稍稍弱于格局C，仅控制了坡面范围内的侵蚀输沙过程，使得坡面范围内的侵蚀产沙剧烈程度得到了有效缓解，大大降低了坡面范围内的侵蚀产沙量；但对沟道范围内的侵蚀产沙调控作用很有限，甚至超过了裸坡情况时的侵蚀产沙水平。此时整个沟道成为坡沟系统侵蚀产沙的主要来源部位，其侵蚀产沙侵蚀物质体积总和为84.66L，占整个坡沟系统的82%。

植被格局C条件下的草带对径流流速的调控作用则更加有效，对侵蚀产沙的调控范围从坡面一直延伸至沟道，有效降低了整个坡沟系统各个坡段内的侵蚀产沙水平，各侵蚀指标均达到试验范围内最低水平（表5-12）。此时沟道中上部和中部，是坡沟系统侵蚀产沙的主要来源部位，但侵蚀产沙量很小，侵蚀物质体积总和仅为21.79L，占整个坡沟系统侵蚀产沙量的31.71%。

相反，在不合理的植被格局D和植被格局E条件下，草带布设位置相对靠上，提供了更多的径流加速空间与泥沙侵蚀空间，并在一定程度上降低了径流含沙量，加剧了侵蚀，导致坡沟系统的主要侵蚀产沙部位发生了改变，各个侵蚀指标较裸坡相比均有明显提升。植被格局D条件下，坡沟系统侵蚀产沙主要来源部位从沟道中部一直延伸至坡面中下部，该范围内的侵蚀产物总体积达到199.87L，占整个坡沟系统侵蚀产沙量的83.22%。植被格局E条件下，侵蚀范围和侵蚀强度进一步扩大和增强，坡沟系统侵蚀产沙主要来源部位从沟道下部一直延伸至坡面中部，分布范围广泛、占据整个坡沟系统70%的区域，该范围内的侵蚀产物总体积为256.25L，占整个坡沟系统侵蚀产沙量的98.61%。尽管植被格局D和植被格局E条件下，植被调控侵蚀作用和所涉及的调控范围有所区别，但主要侵蚀产沙位置均是由裸坡、植被格局B和植被格局C条件下的沟道中部和中下部逐渐向上移动，延伸至沟道上部甚至坡面下部及中部。此时径流侵蚀能力进一步增加，导致侵蚀进一步加剧，侵蚀范围逐渐扩大，侵蚀产沙量达到试验范围内峰值。

5.4　小　　结

本章通过室内模拟间歇性降雨试验，以单元坡沟系统为研究对象，在研究坡沟系统侵蚀产沙量、径流量以及径流流速的动态变化特征的基础上，借助三维激光扫描技术和微地貌分析技术，通过计算降雨前后下垫面微地貌形态的空间差异，辨析坡沟系统不同坡段土壤侵蚀、输移、沉积的动态变化规律。揭示不同植被空间配置对对坡沟系统侵蚀、剥离、沉积和输沙过程中的调控作用机制。探讨不同植被配置方式下侵蚀输沙过程特征，阐明了不同空间配置方式下坡沟系统侵蚀产沙来源的变化特征，揭示植被空间配置方式对坡沟系统泥沙来源变化的作用机制。小结如下。

（1）侵蚀产沙总体积的排序与两次降雨后侵蚀产沙总量排序一致，其拟合函数满足线性关系，其判定系数R^2为98%，表明本次研究中地表微地貌扫描结果以及微地貌分析技术的合理性和准确性。

（2）不同植被格局条件下，侵蚀物质高程数据均值存在明显差异，说明不同植被格局对侵蚀产沙影响较大，在$p<0.05$水平上存在明显差异。植被布设于坡面下部时，其侵蚀输沙过程的剧烈程度已经得到了缓解，植被调控细沟侵蚀发育的作用已经开始体现。植被布设于坡面中下部时，下垫面区域仅有52%的区域发生侵蚀，接近一半区域以泥沙沉积为主，DEM数据分散程度最小，其侵蚀输沙过程的剧烈程度已经有缓解的迹象，植被的调控侵蚀作用在一定程度上限制了细沟的侵蚀发育。植被布设于坡面中部和中上部时，其侵

蚀物质高程均值在 $p<0.05$ 水平上明显高于其他植被格局,说明由于不合理的草带的布设,其侵蚀发育程度更为剧烈,加剧了细沟侵蚀的发育程度。

(3)裸坡条件下,沟道中部、中下部、下部 3m 的坡段是坡面的主要产沙部位,此区域侵蚀最为严重,产沙体积 $68.76\times10^{-3}m^3$,产沙率 $29.80kg/m^2$。植被位于坡面下部或中下部时,沟道中部、中下部为主要泥沙来源,侵蚀程度得到缓解。当草带位于坡面中部、中上部时,径流流程增大,泥沙侵蚀拥有了更多的裸露空间,泥沙来源部位逐渐向上扩展。同裸坡相比,主要侵蚀范围增加 $2\sim3$ 倍,产沙率增至 $37.01\sim43.30kg/m^2$,增加幅度达 $24\%\sim45\%$,侵蚀程度进一步加剧,产沙量达到试验范围内峰值。

(4)裸坡条件下,沟道中部、中下部以及下部是坡沟系统侵蚀产沙的主要来源部位,植被布设于坡面下部和中下部条件下,植被格局 B 条件下的整个沟道和植被格局 C 条件下的沟道中部、中下部成为坡沟系统侵蚀产沙的主要来源部位,侵蚀发育程度已有所缓解。草带布设位置逐渐向坡面中部、坡面中上部移动时,为径流提供了更多的径流加速空间,空间范围已经超过临界值,侵蚀产沙的主要来源部位也随之逐渐向上移动,从沟道下部一直延伸至坡面中部,侵蚀范围逐渐扩大,导致侵蚀加剧,侵蚀产沙量达到试验范围内峰值。

(5)当草带在坡面下部和中下部布设时,虽然没有改变裸坡时的主要侵蚀部位,但却抑制、缓解了侵蚀强度。当草带在坡面下部 60% 位置布设时,可以有效减缓整个坡面的侵蚀强度,进一步降低了各个细沟侵蚀指标,甚至改变了侵蚀方式,调控侵蚀的范围可覆盖整个坡面,有效地将主要的产沙范围控制在沟道中上部和中部 2m 的坡段部位;使得主要产沙范围和产沙率较裸坡分别降低 33% 和 53%,具有较好的侵蚀输沙调控作用。

参 考 文 献

胡春宏,张晓明. 2019. 关于黄土高原水土流失治理格局调整的建议. 中国水利,23:5-7.

李勉,李占斌,丁文峰,等. 2002. 黄土坡面细沟侵蚀过程的 REE 示踪. 地理学报,57(2):218-223.

刘国彬,上官周平,姚文艺,等. 2017. 黄土高原生态工程的生态成效. 中国科学院院刊,32(1):11-19.

刘晓燕. 2016. 黄河近年水沙锐减成因. 北京:科学出版社.

卢纹岱. 2000. SPSS for Windows 统计分析. 北京:电子工业出版社.

王光谦,钟德钰,吴保生. 2020. 黄河泥沙未来变化趋势. 中国水利,1:9-12.

Hu C. 2020. Implications of water-sediment co-varying trends in large rivers. Science Bulletin, 65:4-6.

6 坡沟系统中植被配置的侵蚀动力学作用机制及其优化配置

如上所述，第 4 章和第 5 章从坡沟系统出发，主要研究了不同植被格局条件下，坡沟系统径流侵蚀产沙和水动力参数的演变特征，径流、侵蚀产沙以及径流流速的动态变化特征及其差异性，揭示了不同植被空间配置对细沟侵蚀发生、发展过程的调控作用机制（刘晓燕，2016；刘国彬等，2017；胡春宏和张晓明，2019；王光谦等，2020；Hu，2020）。同时结合三维激光扫描技术，辨识坡沟系统不同部位土壤侵蚀–输移–沉积的变化过程，阐明了不同植被空间配置方式下坡沟系统侵蚀产沙来源的变化规律，揭示了植被空间配置方式对坡沟系统泥沙来源变化的作用机制。在以上研究的基础上，对泥沙来源开展进一步深入的辨析，定量研究植被不同配置空间方式对坡沟系统侵蚀输沙过程的影响，不同植被空间配置方式下坡面与沟道侵蚀产沙的空间差异，揭示植被空间配置对坡沟系统侵蚀过程与侵蚀方式的调控机制，阐明不同植被配置方式下的水土保持功效，水沙调控效率、方式、调控范围以及动力调控途径的差异，提出并确定低覆盖度下调控坡沟系统侵蚀的植被优化配置格局，揭示植被空间优化配置方式对坡沟系统侵蚀输沙的调控作用机理（刘晓燕，2016；刘国彬等，2017；胡春宏和张晓明，2019；王光谦等，2020；Hu，2020）。

6.1 不同植被配置下坡沟系统侵蚀空间格局变化

5.2 节主要对不同植被格局条件下主要侵蚀产沙的空间位置进行了详细的辨识，定性分析了各个植被格局条件下侵蚀产沙来源的主要部位及其差异。从图 5-5 ~ 图 5-9 看出，不同植被空间配置方式下，不同坡段侵蚀物质高程均值的变化均存在不同程度的波动，尽管反映的是坡沟系统下垫面高程变化的空间分布特征，但也能在一定程度上反映出不同植被格局条件下的侵蚀产沙空间的分布特征。

综合考虑以上分析，各个植被格局条件下，侵蚀输沙过程中总会伴随着下垫面空间波动与起伏，影响这一过程的侵蚀动力因素主要包括径流流速和径流含沙量，即反映出径流剪切力和径流携运泥沙能力对侵蚀输沙过程的影响。一方面，水动力参数——径流流速影响径流动能以及径流剪切力的变化；另一方面，径流含沙量的变化会影响径流携运泥沙的能力以及径流剥蚀率的变化。两个因素之间存在一定的耦合与互馈的关系，共同作用于坡沟系统侵蚀输沙过程，最终影响侵蚀产沙水平。径流在流经坡沟系统的过程中，总是伴随着径流流速与径流含沙量波动交替出现的过程，因此侵蚀输沙过程中便会出现不断的波动与起伏现象（图 5-5 ~ 图 5-9）。

如植被格局 A 条件下，当径流刚刚进入沟道范围内，在坡段 9、坡段 10 部位，虽然径流流速有所增大［图 4-5（a）］，但此时挟带了较多的泥沙，径流含沙量较大，导致此时径流携运泥沙的能力仍处于较低水平，侵蚀产沙量进一步下降。径流进入坡段 11、坡段 12 部位，变陡的沟道赋予了径流较大的能量，此时径流流速大幅度增加达到峰值［图4-5（a）］，径流剪切力进一步增加；同时径流含沙量开始降低，使得径流携运泥沙的能力得以提升，导致侵蚀物质高程大幅增加，侵蚀强度达到峰值。如植被格局 D 条件下，径流经过坡段10～坡段12，尽管经过了侵蚀产沙高峰，径流含沙量开始增加，径流输沙能力开始下降，导致侵蚀产沙量开始逐渐下降；但由于植被格局 D 条件下的草带布设位置相对靠上，草带以下的裸坡区域为径流提供了足够的加速空间，因此径流流速和径流动能在此区域一直处于很高的水平［图4-5（d）］，导致侵蚀能力处于很高的水平，侵蚀产沙量依然很大。

综合以上分析表明，径流流速和径流含沙量，即径流剪切力和径流携运泥沙能力这两个侵蚀动力影响因素及其相互作用，共同影响坡沟系统土壤侵蚀输沙过程。这两个影响因素在一定范围内会同向作用于土壤侵蚀输沙过程，同时加剧或者同时削弱土壤侵蚀；但在另外一些坡段范围内，这两个影响因素会反向作用于土壤侵蚀输沙过程，加剧和减缓土壤侵蚀的作用同时存在。针对在这种情况下何种因素起主导作用，作用于哪些具体坡段，导致侵蚀输沙过程线究竟是上升还是下降等问题，本书将在以下内容做具体分析。

本书继续采用 10mm×10mm 间距对原始 DEM 点云数据进行差值处理，同样采用式（5-1）计算各个植被格局条件下不同坡段的侵蚀产沙物质体积，即单位面积侵蚀产沙体积，如图6-1（a）～（e）所示。需要注意的是，图6-1展示的各个坡度的侵蚀物质体积与图5-5～图5-9展示的侵蚀物质高程均值，在个别坡段出现了一定的差别，究其原因是由于这些坡段的下垫面"正值"样本案例数相差较大，均值和总值相差较大。

图6-1（a）～（e）反映出不同植被格局条件下，各个坡段侵蚀产沙体积大小以及各个坡段的侵蚀产沙的起伏波动程度。从图6-1中可以看出，包括裸坡在内的每一种植被空间配置方式下，皆会发现在某一个区域范围内，侵蚀产沙体积突然增大，虽然有波动，但侵蚀体积一直处于较高水平的现象，表明这个区域范围是坡沟系统侵蚀产沙的主要部位，是侵蚀产沙主要来源，在此我们将这个区域范围定义为泥沙侵蚀空间，并对侵蚀空间进行绘制，如图6-1所示。

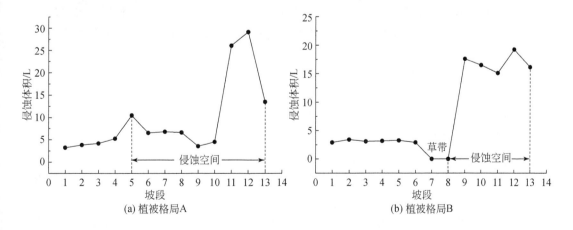

(a) 植被格局A

(b) 植被格局B

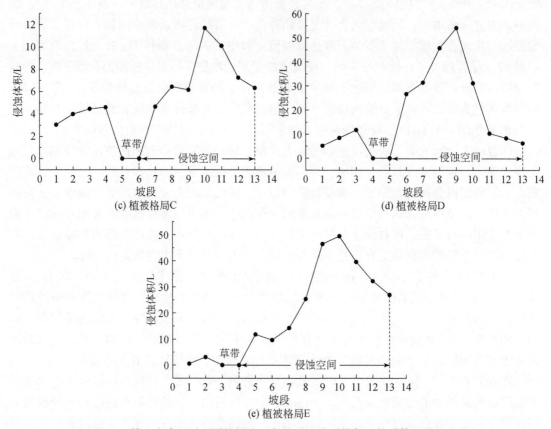

图 6-1　第 2 次降雨后不同植被格局条件下坡沟系统侵蚀物质体积沿程变化

值得注意的是，坡沟系统内其泥沙侵蚀空间和径流加速空间（图 4-5）是一致的。在裸坡条件下，径流加速空间和泥沙侵蚀空间均位于坡段 5 ～ 坡段 13 范围内；有植被条件下，均是位于草带下部至坡沟系统出口区域内。由图 6-1 可以看出，不同植被格局条件下，侵蚀物质的体积变化大致与侵蚀物质的高程均值类似，均存在一定的起伏和波动，且沟道范围内的侵蚀产沙体积明显高于坡面范围内的侵蚀产沙体积。

对于植被格局 D、E 而言，草带布设于坡面相对靠上的部位，草带以下的裸坡区域直接与坡沟系统出口相连，径流加速空间已经超过临界值，为径流的启动和加速提供了更多的加速空间与泥沙侵蚀空间。导致该植被格局条件下的径流流速明显高于裸坡和植被格局 B、C 时的情况［图 4-5（d）和（e）］，其径流加速空间与泥沙侵蚀空间甚至从沟道一直向上延伸至坡面（图 4-5 和图 6-1），导致径流流速快速增长，极度增强了径流侵蚀能力；同时侵蚀空间的逐渐增加，为侵蚀产沙体积快速增长提供了更多的泥沙来源。因此，随着草带逐渐向坡面顶部移动，径流加速部位逐渐向上移动，侵蚀部位也随之向上移动，径流加速空间和泥沙侵蚀空间也随之逐渐增加，径流流速和径流侵蚀能力大幅增加，因此在双重耦合作用的影响下，侵蚀产沙体积也逐渐增加。这与草带下部的裸坡区域和坡沟系统出口直接相连紧密相关，更多的径流加速空间与泥沙侵蚀空间存在于草带下部，当草带布设于坡面中上部和上部时会产生更加严重的侵蚀。因此，在坡沟系统中，径流加速空间与泥沙侵蚀空间是相一致的;这就能够反映出,在侵蚀动力影响因素中,径流流速即径流剪切力在坡沟系统侵蚀输沙过程中占主导作用。

6.2 坡沟系统植被配置的侵蚀动力学作用机制

通过不同植被格局下坡沟系统侵蚀产沙来源辨识与侵蚀输沙过程的侵蚀动力主导因素分析,纵向比较了各个植被格局条件下,不同坡段的侵蚀产沙的空间差异性,阐明了各个植被格局条件下侵蚀产沙的主要来源,分析了径流加速空间与泥沙侵蚀空间一致性原因,确定了坡沟系统侵蚀输沙过程的侵蚀动力主导因素。在此基础上,本书对第 1 次降雨后和整个降雨后(第 2 次降雨后),不同植被格局条件,不同坡段的侵蚀产沙物质体积以及不同坡段的径流流速进行汇总(图 6-2 ~ 图 6-4),横向比较不同植被格局条件下的侵蚀产沙特征和径流流速特征,以期揭示植被空间配置方式调控坡沟系统侵蚀输沙过程的侵蚀动力学作用机制。

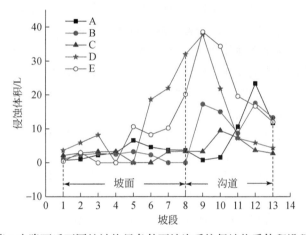

图 6-2 第 1 次降雨后不同植被格局条件下坡沟系统侵蚀物质体积沿程变化汇总

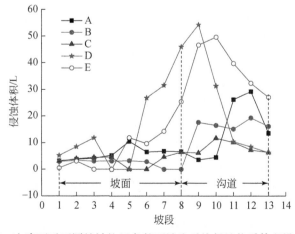

图 6-3 第 2 次降雨后不同植被格局条件下坡沟系统侵蚀物质体积沿程变化汇总

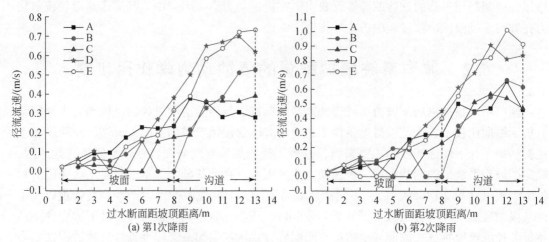

图 6-4　不同植被格局条件下坡沟系统径流流速沿程变化汇总

　　通过对第 1 次降雨以及整个降雨后，不同植被格局条件下的侵蚀物质体积的横向比较可以看出，在各自降雨过程中，不同植被格局条件下，侵蚀产沙体积均存在一定的起伏和波动，且沟道范围内的侵蚀产沙体积明显高于坡面（图 6-2、图 6-3）。两次降雨条件下，不同植被格局条件下坡沟系统侵蚀物质体积沿程变化均表现出相似的波动趋势和相近的波动幅度，第 1 次降雨后的波动幅度稍小于整体降雨后的波动情况。对于整个降雨过程后的侵蚀产沙体积而言，结合图 5-3，可以看出不同植被格局的侵蚀产沙量按照以下顺序递增：C<B<A<D<E，植被格局的减沙效益按照以下顺序递减：C>B>D>E。

　　对于植被格局 A、B 和 C 而言，侵蚀输沙过程整体起伏与波动程度要小于植被格局 D、E 时的情况。各个植被格局条件下，坡沟系统中各个坡段的径流流速影响对应坡段的侵蚀产沙水平。植被格局 A、B 和 C 在坡面范围内，其侵蚀产沙的特征较为相似，整体都处于较低水平。由于在坡面径流加速位置布设草带，径流加速空间小于临界值，草带有效抑制了径流流速在加速空间以及泥沙在侵蚀空间的增长趋势；使得植被格局 B 和 C 条件下，两次降雨的径流流速均较低（图 6-4），坡面大部分区域范围内的减速效益都为正值，且基本在 50% 以上（图 4-6），表明径流动能一直处于较低水平，侵蚀能力减弱，导致坡面各个坡段的侵蚀产沙曲线始终在裸坡侵蚀产沙曲线之下，处于较低水平。沟道范围内，植被格局 C 条件下草带的布设对径流流速的调控作用更为有效（图 6-4），径流流速波动幅度较小，使得沟道范围内各个坡段的侵蚀产沙曲线起伏很小，一直处于试验范围内最低水平。相反，植被格局 B 条件下的草带布设对径流流速的调控作用稍弱于植被格局 C，其减速效益曲线要低于植被格局 C 时的情况（图 4-6），草带并未布设于最佳位置，不能有效抑制沟道范围内的径流流速增长，仅仅控制了坡面范围内的侵蚀输沙过程；且沟道范围内的径流经过草带的过滤，其含沙量相比裸坡要低，使得径流输沙能力增强，导致一些坡段的侵蚀产沙水平虽然在裸坡产沙水平之下，但沟道范围内整体的侵蚀产沙水平要高于裸坡时的情况（图 6-2）。

　　植被格局 D 和植被格局 E 条件下，侵蚀输沙的整体起伏与波动程度要远远大于其他植被格局，侵蚀发育程度也明显高于其他植被格局时的情况。通过上述分析可知，这是受三个方面的因素影响造成的。第一方面，由于草带位于坡面相对靠上的部位，草带以下的裸坡区域直接与坡沟系统出口相连，径流加速空间已经超过临界值，为其提供了足够的径流加速空间与泥沙侵蚀空间，使得径流加速空间区域内的减速效益基本都为负值，径流流速快速增长，且数值较大，说明径流动能始终处于较高水平，径流剪切力增大，极度增强了径流侵蚀能力；同时草带以下更多的裸露区域提供了更多的泥沙来源。第二方面，当径流被草带过滤后，径流含沙量相对较低，输沙能力相对增强，径流含沙量和输沙能力的差距继续增大，导致与裸坡相比产生更大的径流剥蚀率（Foster et al., 1984；Nearing et al., 1999）。第三方面，由于草带的过滤作用，水流黏度减少，"清水"流速分布均匀且比"浑水"流速大，最终导致侵蚀程度加剧。因此，在多重因素的耦合作用下，植被格局 D 和植被格局 E 的侵蚀产沙体积快速增长，其侵蚀产沙一直处于较高水平，这与 Jin 等（2009）提出的在雨强 65mm/h 低植被盖度条件下会产生较裸坡更高的土壤侵蚀的结论一致。

对于植被格局 D 和 E 而言，坡面范围内，侵蚀产沙曲线的起伏和波动程度已经超过了裸坡时的情况，且处于较高水平，坡面侵蚀发育程度较高。植被格局 D 的侵蚀产沙曲线在大部分坡段均高于植被格局 E，表明植被格局 D 在坡面范围内的侵蚀产沙水平要高于植被格局 E，侵蚀程度剧烈。沟道范围内，两种植被格局的侵蚀产沙曲线继续增长达到峰值，然后回落。

有所区别的是，尽管植被格局 D 在坡面侵蚀程度高于植被格局 E，但在沟道范围内，仅有坡段 9 范围内的侵蚀产沙曲线高于植被格局 E，沟道范围内植被格局 E 的整体侵蚀产沙水平要高于植被格局 D，其侵蚀剧烈程度达到试验范围内的峰值。总体来说，这与草带布设位置以及植被调控侵蚀动力影响因素有关。由于植被格局 E 条件下的草带布设位置正好位于裸坡条件下的加速空间上部，在控制坡面区域内的流速方面能稍优于植被格局 D，使得在两次降雨过程中，坡面范围内植被格局 E 的径流流速要低于植被格局 D（图6-4），其减速效益在坡面范围内基本要大于植被格局 D 时的情况（图4-7）；导致在坡面范围内，植被格局 D 的侵蚀产沙水平要高于植被格局 E（图6-3）。但在沟道范围内，由于植被格局 E 条件下草带的位置相比植被格局 D 而言要相对靠上，径流加速空间超过临界值，且提供了相比植被格局 D 更多的径流加速空间与泥沙侵蚀空间，使得沟道范围内的径流流速基本大于植被格局 D 时的情况，其减速效益基本要小于植被格局 D 时的情况（图4-7）。并且此时植被格局 E 的径流含沙量要低于植被格局 D，使得在沟道范围内的径流输沙能力要高于植被格局 D，最终导致植被格局 E 的径流侵蚀能力要强于植被格局 D，在沟道范围内的侵蚀产沙处于试验范围内的最高水平。

综合以上分析可知，不同植被格局条件下，坡沟系统中各个坡段的径流流速影响对应坡段的侵蚀产沙水平。径流流速和径流含沙量这两个侵蚀动力影响因素，即径流剪切力和径流携运泥沙能力会共同作用于坡沟系统的土壤侵蚀输沙过程（Wang et al., 2014；Wei et al., 2007）。这两个影响因素在某一坡段会同向作用于土壤侵蚀输沙过程，同时加剧或者同时削弱土壤侵蚀程度；但在某一些坡段，这两个侵蚀动力影响因素会反向作用于土壤侵蚀输沙过程，加剧和削弱的作用同时存在。侵蚀动力因素中，径流流速即径流剪切力在整个坡沟系统侵蚀输沙过程中占主导作用。植被格局依靠对径流流速和径流含沙量这两个影响因素的调节作用，来调控坡沟系统侵蚀输沙过程，尤其调控的是沟道范围内的细沟形成、发展过程和侵蚀强度，同时改变了细沟侵蚀的位置以及主要侵蚀方式。

6.3　不同植被空间配置下坡沟侵蚀产沙关系

6.3.1　坡沟侵蚀产沙关系

本书继续对表5-11中不同植被格局条件下，各个坡段单位面积的侵蚀产沙体积数据进行进一步汇总，分别计算了坡面和沟道范围内侵蚀产沙体积绝对指标和相对指标，绘制了坡面与沟道侵蚀物质体积和侵蚀产沙体积比例，如表6-1和图6-5、图6-6所示。

结合表5-10、表6-1以及图6-5、图6-6可以看出，第2次降雨后，不同植被格局条件下（植被格局D除外），沟道范围内的侵蚀产沙量均不同程度高于坡面，说明沟道依然是整个系统主要的侵蚀产沙部位，沟道范围内的侵蚀产沙是整个坡沟系统侵蚀产沙的主要来源。径流对沟道的侵蚀作用要强于坡面，沟道部分的细沟参数（细沟长度、宽度、深度、体积）皆大于坡面（图4-8、图4-9），细沟侵蚀的发育程度和波动幅度要强于坡面（图4-8、图4-9）。

表6-1　不同植被格局条件下第2次降雨后的坡面与沟道侵蚀产沙体积及其比例

范围	植被格局				
	A	B	C	D	E
坡面/L	46.89	18.72	27.19	129.59	64.78
沟道/L	76.83	84.66	41.53	110.57	195.08
产沙比例	3:5	2:9	2:3	6:5	1:3

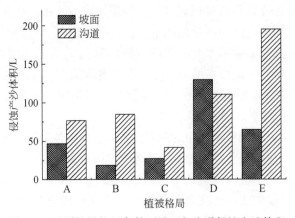

图6-5　不同植被格局条件下坡面与沟道侵蚀产沙体积

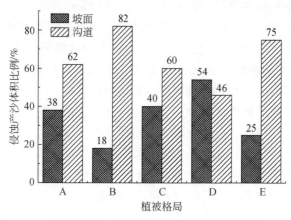

图 6-6 不同植被格局条件下坡面与沟道侵蚀产沙体积比例

如表 5-10 和图 6-5、图 6-6 所示，植被格局 A 条件下，坡面与沟道长度比为 8∶5，坡面侵蚀产沙体积为 46.89L，沟道侵蚀产沙体积为 76.83L，坡面与沟道的侵蚀产沙量分别占整个坡沟系统 38% 和 62%。说明在自然状态的裸坡条件下，坡面与沟道的侵蚀产沙比例约为 3∶5，沟道的侵蚀产沙依然是整个坡沟系统的主要侵蚀产沙来源，说明径流对沟道的侵蚀作用要强于坡面。这一结论同时印证了黄土高原地区"坡面产水、沟道产沙"的说法，也从侧面反映出本试验数据的可靠性。其坡面与沟道的侵蚀产沙比例的变化反映出植被空间配置方式对侵蚀产沙的调控范围与作用强度的变化。

6.3.2 植被格局对坡沟侵蚀产沙关系变化的作用

如前所述，对于植被格局 D 和植被格局 E 而言，在径流流速和径流含沙量，即在径流剪切力以及径流携运泥沙能力的侵蚀动力因素的双重加剧作用下，增强了径流对整个坡沟系统的侵蚀作用，导致径流侵蚀程度和侵蚀产沙量远远高于裸坡时的情况。如图 6-5 所示，与裸坡相比，植被格局 D 条件下的坡面与沟道的侵蚀产沙体积分别增加了 82.70L 和 33.74L，总共增加泥沙 116.44L。植被格局 E 条件下的坡面与沟道的侵蚀产沙体积分别增加 17.89L 和 118.25L，总共增加泥沙 136.14L。表明植被格局 D 和植被格局 E 条件下，坡面和沟道的侵蚀产沙量均高于裸坡，植被对泥沙的调控作用在坡面和沟道范围内均已减弱甚至失效，而且还在一定程度上加剧了径流侵蚀。值得注意的是，尽管植被格局 D 和植被格局 E 加剧坡沟系统的侵蚀程度相差不多，总体侵蚀产沙量仅相差 19.70L；且两种植被格局的主要侵蚀位置均由裸坡条件下的沟道中部和中下部逐渐向上移动，延伸至沟道上部、坡面下部甚至坡面中部（图 6-3），但两种植被格局条件下的侵蚀产沙加剧位置、加剧幅度和主要侵蚀产沙来源却有所不同，甚至差异较大（表 5-10 和表 5-11），导致坡面与沟道侵蚀产沙比例相差较大（表 6-1）。

与裸坡坡面的侵蚀产沙量相比，植被格局 D 条件下的坡面侵蚀产沙增长幅度远远大于植被格局 E 条件下的坡面侵蚀产沙增长幅度，植被格局 D 条件下的坡面侵蚀产沙量占整个坡沟系统侵蚀产沙量的 54%，而植被格局 E 条件下坡面侵蚀产沙量仅占 25%。与坡面侵蚀加剧程度相反，植被格局 D 条件下的沟道侵蚀产沙增长幅度远远小于植被格局 E 条件下的沟道侵蚀产沙增长幅度，植被格局 D 条件下的沟道侵蚀产沙量占整个坡沟系统侵蚀产沙量的 46%，而植被格局 E 条件下则达到了 75%。说明植被格局 D 条件下，侵蚀加剧程度主要集中于坡面，侵蚀产沙的主要来源也多集中于此，导致坡面与沟道侵蚀产沙比为6∶5；而植被格局 E 条件下，侵蚀加剧程度主要集中在沟道，侵蚀产沙的主要来源也多集中于此，导致坡面与沟道侵蚀产沙比为 1∶3。这与图 6-3 描述的现象一致，植被格局 D 和E 条件下，侵蚀发育程度较高。植被格局 D 的侵蚀产沙曲线在大部分坡段均高于植被格局E，表明植被格局 D 在坡面范围内的侵蚀产沙水平要高于植被格局 E，侵蚀程度剧烈。沟道范围内，两种植被格局的侵蚀产沙曲线继续增长达到峰值，然后回落。尽管植被格局 D在坡面侵蚀程度高于植被格局 E，但在沟道范围植被格局 E 的整体侵蚀产沙水平要高于植被格局 D，其侵蚀剧烈程度达到试验范围内的峰值。

对于植被格局 B 和植被格局 C 而言，草带布设位置较为合理，在一定程度上缓解了径流的侵蚀作用，使得坡沟系统的整体侵蚀产沙水平均低于裸坡时的情况（图 6-5 和图 6-6）。如图 6-5 和图 6-6 所示，与裸坡相比，植被格局 B 条件下的坡面侵蚀产沙体积减少了 28.17L，沟道侵蚀产沙体积增加了 7.83L，总共减少泥沙 20.34L。植被格局 C 条件下的坡面与沟道的侵蚀产沙体积分别减少了 19.70L 和 35.30L，总共减少泥沙 55.00L。表明植被格局 B 和植被格局 C 条件下，坡沟系统整体的侵蚀产沙量均低于裸坡，植被对泥沙的调控作用已经开始奏效，在不同程度上降低了径流侵蚀程度。如前所述，植被格局 C 缓解径流侵蚀的程度要强于植被格局 B，总侵蚀产沙量相差 34.66L，两种植被格局条件下的主要侵蚀产沙部位大体一致（图 6-3）。与裸坡相比，两种植被格局布设都较为合理，都能减少侵蚀产沙水平，尽管两种植被格局的主要侵蚀位置均位于沟道（图 6-3），但这两种植被格局条件下的侵蚀产沙削弱位置和削弱幅度有所不同，甚至差异较大（图 6-5 和图 6-6）。

植被格局 B 条件下，由于草带的作用，坡面侵蚀产沙体积与裸坡相比，大幅度减少，减少量达 28.17L，已经超过植被格局 C 条件下的减蚀量，使得坡面侵蚀产沙量仅占整个坡沟系统的 18%，达到试验范围内最低值。但沟道的侵蚀产沙量有所增加，比裸坡条件下沟道侵蚀产沙量增加 7.79L，侵蚀产沙量占整个坡沟系统的 82%，侵蚀加剧程度主要集中在沟道，侵蚀产沙来源也主要集中于此。说明植被格局 B 条件下，植被的调控侵蚀的范围有限，仅在坡面范围内很有效，草带的调控作用未能延伸至沟道范围内，最终坡面与沟道侵蚀产沙比例为 2∶9（表 6-1）。植被格局 C 是试验条件下减蚀效果最好的一种植被格局，与裸坡相比，植被格局 C 条件下的坡面与沟道的侵蚀产沙体积都大幅度减少，分别减少泥沙 19.70L 和 35.30L，总共减少泥沙高达 55.00L，坡面侵蚀产沙量占整个坡沟系统的40%，沟道侵蚀产沙量占整个坡沟系统的 60%，坡面与沟道侵蚀产沙比例为 2∶3（表 6-1）。此时坡面和沟道范围内的各个坡段，即整个坡沟系统的侵蚀产沙均处于较低水平。说明植被格局 C 条件下，植被的调控侵蚀输沙的范围已经覆盖整个坡沟系统，不但很好地调控了坡面范围内的侵蚀产沙过程，同样也能够更好地调控沟道范围内的侵蚀产沙过程，调控侵蚀产沙均达到了较好的效果。

综合以上分析可知，不同植被格局条件下，尽管侵蚀加剧或侵蚀减弱的程度一致，但侵蚀加剧部位和侵蚀减弱部位存在不一致性，即同为加剧侵蚀，但加剧的部位有所不同，同为减弱侵蚀，但减弱的范围也有所区别。植被格局D和植被格局E条件下，尽管两种植被格局的草带布设都会加剧侵蚀程度，导致侵蚀产沙量相近且已达到峰值，侵蚀加剧程度相近，细沟侵蚀发育程度相差不大（图4-8、图4-9和表4-6）。但两种植被格局条件下的草带布设位置不同，导致植被所能影响的侵蚀输沙范围不同，使得侵蚀的加剧位置、加剧幅度和主要侵蚀产沙来源有所区别。草带布设于坡面中上部（植被格局D）主要加剧坡面的侵蚀强度，而草带布设于坡面上部（植被格局E）则主要加剧沟道的侵蚀强度（图4-8）。植被格局B和植被格局C条件下，尽管两种植被格局的草带布设都会在不同程度上缓解径流的侵蚀作用，侵蚀产沙量在试验范围内达到最低，细沟侵蚀发育程度相差不大（图4-8和表4-6）。但两种植被格局条件下的草带布设位置不同，使得植被所能调控的侵蚀产沙范围不同，导致侵蚀的减缓部位截然不同。草带布设于坡面最下部（植被格局B），植被调控侵蚀的范围有限并未延伸至沟道，仅在坡面范围内很有效果，对沟道侵蚀产沙的调控效果较弱，可以有效减缓坡面范围内的侵蚀强度，不能有效地控制沟道范围内侵蚀输沙过程，导致沟道范围内的侵蚀产沙量较裸坡略有增长。草带位于坡面中下部（植被格局C），其植被调控侵蚀范围已经覆盖整个坡沟系统，可以有效减缓坡面以及沟道范围内的侵蚀强度，使得坡沟系统整体的侵蚀产沙处于试验范围内最低水平。

6.4　不同植被空间配置下植被水土保持功效

根据前期研究成果（于国强等，2017；Zhang et al.，2018），并结合上述各节的分析结果可知：试验条件下，各个植被格局条件下的径流量的减少实际上并不明显，相反侵蚀产沙量的减少幅度却较大。从水沙关系的角度来看，相比蓄水减沙的水土保持功效而言，草带更具有直接拦沙的水土保持功效。表明在实际降雨径流过程中，草带更能够发挥出直接拦截径流中的泥沙的作用，从而达到良好的减蚀效果。

6.4.1　不同植被格局的水土保持功效

植被格局D和植被格局E条件下，由于草带布设位置相对靠上，草带上部裸露的产沙区域较小，仅分别占坡面面积的37.5%和25%；同时由于这些裸露区域靠近坡顶，径流对该范围坡段的侵蚀程度也较低，侵蚀产沙量本来就少，草带的布设仅能拦截坡面上部小范围区域产生的部分泥沙。草带以下，径流加速空间已经超过了临界长度，加剧了流速的快速增长，进一步加剧了侵蚀。这就解释了植被格局D和植被格局E条件下，草带拦截泥沙量最小，最终导致这两种植被格局条件下的坡面和沟道侵蚀产沙量达到峰值的原因。

根据上述研究，从水沙关系的角度而言，植被格局B和植被格局C条件下的草带布设具有良好的直接拦沙的水土保持功效。从水蚀动力的角度考虑，草带对水蚀动力过程的调控作用机制是不同的，因此表现出草带对其坡面上方来水来沙和下方径流产沙的水蚀动力过程和侵蚀产沙过程的调控方式、作用强度，调控范围以及动力调控途径是不同的。

植被格局B条件下，由于草带布设于坡面最下部，可以拦截整个坡面产生的部分泥沙，同时草带也在一定程度上发挥出"缓流带"的作用，在一定程度上减缓了径流流速［图 4-5（b）］，减弱了径流对坡面的侵蚀程度。最终在拦沙和缓流的双重功效作用下，使得植被格局 B 条件下，坡面范围内的侵蚀产沙量达到试验范围内最低值（表 5-10），说明植被格局 B 条件下的草带布设对坡面的调控侵蚀的作用是最优的。沟道范围内，由于植被格局 B 条件下的植被调控作用稍弱于植被格局 C，植被格局 B 的植被调控径流侵蚀的范围相对有限，未能有效地调控沟道范围内的水蚀动力过程以及侵蚀输沙过程，因此不能有效地抑制和减缓沟道范围内径流流速以及"洪峰流量"的快速增长与发展［图 4-5（b）］，以至于增加了径流能量，加剧了沟道范围内的侵蚀，导致沟道范围内的侵蚀产沙量与植被格局 C 相比相对较高。

　　植被格局 C 条件下，草带位于坡面中下部（坡面长度 60% 位置），可以拦截草带上方坡面下部 60% 的面积产生的部分泥沙，也起到了较好的直接拦沙的效果。同时由于草带布设于合适位置，即布设于径流在坡面的第 1 次加速位置，充分地发挥出植被"缓流带"的作用，最大限度地缓解了坡面范围内的径流流速［图 4-5（c）］，减弱了径流对坡面的侵蚀程度。最终在拦沙和缓流的双重功效的作用下，使得植被格局 C 条件下坡面侵蚀产沙量有所减少。同时由于此时草带的布设位置合理，不但减少了坡面范围内的产沙量，对沟道范围内的径流侵蚀输沙过程也有很好的调控作用，大幅度减少了沟道范围内的产沙量，超过了坡面范围内所减少的泥沙量（图 6-5 和图 6-6）。说明草带依靠合适的位置，在草带以下以及沟道范围内充分发挥出降低径流流速、消减径流能量的水土保持功效。从水蚀动力的角度而言，植被的水土保持功效不同，使得草带调控侵蚀产沙和水蚀动力过程的调控范围和作用方式、作用强度和动力调控途径有所不同。

　　综合以上分析可知，坡面范围内，植被格局 C 条件下的草带布设，一方面通过草带自身的拦截泥沙的功效，直接拦截草带上方坡面产生的部分泥沙；另一方面，由于草带充分地发挥出植被"缓流带"的作用（图 4-6），大幅缓解了坡面范围内的径流流速，减弱了径流对坡面的侵蚀程度，减少了坡面的侵蚀产沙量。最终在拦沙和缓流的双重功效的作用下，有效控制了坡面范围内草带上方的侵蚀产沙。沟道范围内，草带依靠合适的位置有效地抑制和减缓了径流流速和"洪峰流量"的增长和发展（图 6-4），有效地削弱了径流的侵蚀能量，起到了较好的滞流消能的效果（表 4-2 和表 4-5），使得沟道范围内的侵蚀产沙量大幅度减少，达到试验范围内最低值。

6.4.2　不同植被格局水土保持功效的动力学调控途径

　　本书继续计算绘制了植被格局 B 和植被格局 C 条件下，两次降雨过程之后坡面与沟道各个坡段与植被格局 A 相比的减蚀量沿程变化特征曲线（图 6-7 和图 6-8）。其各个坡段减蚀量计算表达式如下：

$$S_i = S_{Ai} - S_{xi} \qquad (6-1)$$

式中，S_i 为各个坡段的减蚀量；S_{Ai} 为植被格局 A 条件下各个坡段的侵蚀产沙量；S_{xi} 为植被格局 B、C 条件下的对应坡段的侵蚀产沙量。

　　根据上述植被对其上方来水来沙和下方径流产沙的水蚀动力过程和侵蚀输沙过程的调

控方式、作用强度、调控范围以及动力调控途径的论述，绘制了两种植被格局条件下，缓流拦沙和滞流消能两种水土保持功效在坡沟系统各自的动力调控范围，如图6-7和图6-8所示。图6-7和图6-8中"十字"代表此坡段的减蚀量为负值，表明该坡段并未减少泥沙，反而加剧侵蚀。

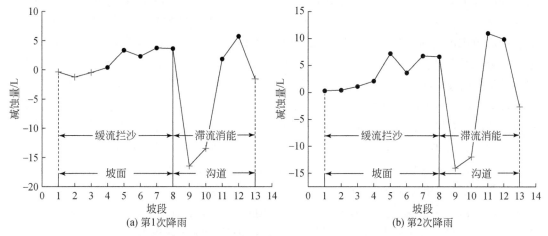

图6-7　两次降雨后植被格局B条件下坡面与沟道减蚀量

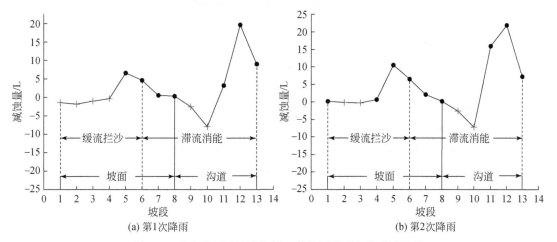

图6-8　两次降雨后植被格局C条件下坡面与沟道减蚀量

从图6-7和图6-8可以看出，两种较为合理的植被空间配置方式下的减蚀量的沿程变化趋势大致相似：皆是在坡面范围内递增，植被减蚀作用开始"奏效"；进入沟道后开始出现不同程度的下降，出现负值，即没有减少泥沙，然后减蚀量曲线回升，达到峰值；随后在坡沟系统出口坡段下降。整体而言，两种减蚀效果较好的植被配置方式，各个坡段的减蚀量基本为正值，很少出现负值，即很少出现侵蚀加剧的坡段。

如图6-7所示，植被格局B条件下，两次降雨过程之后，坡面与沟道的减蚀量变化趋势一致。但在具体减蚀程度方面有所区别，第2次降雨后的减蚀量明显大于第1次降雨后的减蚀量。如图6-7（a）所示，第1次降雨过程中的坡顶位置，即坡段1~坡段3范围内，其减蚀量为负值，尽管绝对值较小，但侵蚀程度确实有所加剧，侵蚀产沙量增加2.15L，坡面范围内的减蚀总量为13.43L。沟道范围内，植被的调控侵蚀产沙的作用有所减弱，沟道范围内60%的区域（坡段9、坡段10和坡段13）减蚀量出现负值，即侵蚀加剧，侵蚀产沙总量增加31.5L，减蚀总量仅为7.6L，说明草带在沟道的减蚀效果较差。

如图6-7（b）所示，第2次降雨后，即整个降雨结束后，植被格局B条件下的减蚀量曲线整体变化趋势与第1次降雨后的情况一致，但减蚀效果得到了提升。第2次降雨后，坡面范围内的减蚀量皆为正值，没有出现第1次降雨后坡段1～坡段3发生侵蚀的现象，其减蚀总量达到28.17L，试验范围内达到峰值，草带在坡面的减蚀效果良好。说明草带布设于坡面最下部（植被格局B），植被的缓流拦沙的水土保持功效的调控范围可以覆盖整个坡面，即草带可以在坡面范围内充分地发挥出缓流拦沙的水土保持功效，使得植被对坡面侵蚀的调控效果达到最优。沟道范围内，植被的调控侵蚀产沙的作用有所减弱，沟道范围内60%的区域（坡段9、坡段10和坡段13）减蚀量出现负值，侵蚀加剧，侵蚀产沙总量增加28.69L，减蚀总量仅为20.86L，说明草带在沟道的减蚀效果较差。这是由于此时草带布设于坡面最下部，未能有效地抑制和减缓沟道范围内的径流流速［图4-5（b）］，在沟道范围内大部分区域内减速效益均为负值，且绝对值较大，增速明显，尤其在第1次降雨过程中更是如此［图4-6（b）］。因此此时在沟道范围内的径流流速较大［图4-5（b）］，增加了径流动能，导致"洪峰流量"的快速增长与发展。

说明此时草带的布设未能在沟道范围内发挥出滞流消能的水土保持功效，调控范围仅在沟道部分坡段有效。加之草带以上的缓流拦沙的功效发挥后，导致进入沟坡部分的径流含沙量减少，其径流携运泥沙的能力进一步增加，也会加剧沟道范围内的侵蚀。最终在双重作用的影响下，导致沟道范围内的侵蚀加剧。表明草带布设于坡面最下部时，在坡面范围内发挥的缓流拦沙水土保持功效的作用要强于在沟道范围内发挥的滞流消能水土保持功效的作用；同时随着降雨过程的延续、降雨历时的增加，植被的减蚀效果会有所增强，与减速效益规律一致。

如图6-8所示，植被格局C条件下，两次降雨过程中，坡面与沟道的减蚀量变化趋势一致，但在具体减蚀程度方面有所区别，第2次降雨后的减蚀量明显优于第1次降雨后的减蚀量。如图6-8（a）所示，第1次降雨过程中，坡面范围内50%区域内的减蚀量为正值，在坡面上部坡段1～坡段4为负值，尽管绝对值较小，但侵蚀程度确实有所加剧，侵蚀产沙量增加4.72L，坡面范围内的减蚀总量为12.02L，表明第1次降雨过程中草带在坡面的减蚀效果稍弱于格局B。沟道范围内，植被的调控侵蚀产沙的作用有所改善，沟道范围内40%的区域（坡段9和坡段10）减蚀量出现负值，即侵蚀加剧，侵蚀产沙总量增加仅为10.49L，减蚀总量达到31.88L，说明草带在沟道范围内的减蚀效果有所增强。

如图6-8（b）所示，第2次降雨后，即整个降雨过程结束后，植被格局C条件下的减蚀量曲线整体变化趋势同第1次降雨后的情况一致，但减蚀效果得到了明显提升。坡面范围内的75%区域内的减蚀量为正值，侵蚀加剧的范围减少25%，仅在坡段2和坡段3为负值，但绝对值较小，即侵蚀产沙量增加很小，减蚀总量达到20.17L，草带在坡面的减蚀效果稍弱于植被格局B。植被格局C条件下草带布设于坡面中下部，在缓流和拦沙的双重功效的作用下，有效控制了坡面范围内草带上方的侵蚀产沙，能够减少草带上方75%坡面（坡段 1～坡段 6）产生的部分泥沙，减蚀量达到 17.84L，也能够较好地起到草带缓流拦沙的水土保持功效，该功效调控侵蚀范围为坡面上部 75% 的区域。沟道范围内，植被的调控侵蚀产沙的效果继续增强，尽管沟道范围内 40% 的面积（坡段 9 和坡段 10）减蚀量出现负值，即加剧侵蚀，但侵蚀产沙总量仅增加 9.77L，减蚀总量达到 45.07L，试验范围内沟道产沙量为最低，达到沟道范围内减蚀量峰值，减蚀效果最优。

如图 6-8 所示，植被格局 C 条件下草带布设于坡面中下部，能够有效地抑制和减缓沟道范围内的径流流速在加速空间中的快速增长［图 4-5（c）］，在沟道范围内大部分区域内减速效益为正值，减速效益情况明显高于植被格局 B 时的情况（图 4-6）。表明植被依靠合适的位置，能够有效抑制和减缓径流流速和"洪峰流量"的增长和发展（图 6-4），从而有效地削弱了径流的侵蚀能量，起到了较好的滞流消能的水土保持功效。尽管存在进入部分的沟道径流含沙量减少，径流携运泥沙的能力进一步增强，会加剧沟道范围内部分坡段侵蚀的情况。该滞流消能的水土保持功效所调控范围已经从坡面下部延伸至沟道，从坡面下部 75% 的区域一直延伸至整个沟道（坡段 7～坡段 13），减蚀量达到 47.40L。表明草带布设于坡面中下部（植被格局 C），可以在坡面下部和沟道范围内充分发挥滞流消能的水土保持功效，使得植被对坡面下部和整个沟道的侵蚀调控效果达到最优。说明草带布设于坡面中下部，在坡面下部和整个沟道范围内发挥滞流消能的水土保持功效的作用要强于坡面范围内所发挥的缓流拦沙的水土保持功效的作用。

植被格局 B 和植被格局 C 条件下，尽管两种植被格局的草带布设都会缓解径流的侵蚀作用，侵蚀产沙量在试验范围内达到最低，细沟侵蚀发育程度相差不大（图 4-8、图 4-9 和表 4-6）。但两种植被格局条件下的草带布设位置不同，导致植被所能调控的侵蚀产沙范围不同，使得侵蚀的减缓部位、减缓幅度以及草带能发挥作用的水土保持功效截然不同。草带布设于坡面下部（植被格局 B），依靠缓流拦沙的水土保持功效有效调控坡面范围内的侵蚀产沙，有效减缓坡面范围内的侵蚀强度；但由于不能有效抑制沟道范围内的径流流速的增长，因此未能有效地发挥出滞流消能的水土保持功效，以至于沟道范围内的侵蚀产沙量较裸坡略有增长。草带位于坡面中下部（植被格局 C），同时具备了较好的缓流拦沙和滞流消能的双重水土保持功效。依靠缓流拦沙的水土保持功效有效调控草带以上坡面范围内的侵蚀输沙过程，可以有效减缓坡面范围内的侵蚀强度；依靠滞流消能的水土保持功效能够有效地抑制和减缓沟道范围内径流流速和"洪峰流量"的增长和发展，从而有效地削弱了径流的侵蚀能量，起到了较好的滞流消能的水土保持功效，大幅度减缓坡面下部和沟道范围内的侵蚀程度，使得坡面下部和沟道的侵蚀产沙量大幅度减少。

综合以上分析可知，从水沙关系角度考虑，不同植被格局的草带布设相比蓄水减沙的水土保持功效而言更具有直接拦沙的水土保持功效。从水蚀动力角度考虑，草带对水蚀动力过程和侵蚀输沙过程的调控作用机制，调控方式、作用强度、调控范围以及动力学调控途径是不同的。草带对其坡面上方来水来沙和下方径流产沙的水蚀动力过程和侵蚀产沙过程分别发挥出缓流拦沙和滞流消能的水土保持功效。合理的植被格局，依靠合适的草带布设位置，能够在草带上方有效地发挥出良好的缓流拦沙的水土保持功效，同时也能够在草带下方很好地发挥出滞流消能的水土保持功效，且这两种水土保持功效调控侵蚀的作用范围、作用强度与草带布设位置密切相关。

6.5　坡沟系统植被格局优化配置解析

根据上述分析可知，草带布设位置的不同，会导致不同植被格局条件下整个坡沟系统的侵蚀产沙具有显著差异。草带布设不合理的植被格局，未能有效控制甚至加剧了坡沟系统的侵蚀产沙过程，加剧了径流对坡沟系统的侵蚀程度，增加了侵蚀产沙量。同时草带的布设位置不同，导致侵蚀的主要位置和强度也发生了很大变化。草带布设位置合理的植被格局，有效地控制了坡沟系统的侵蚀产沙过程，削弱了径流侵蚀强度，大幅度降低了侵蚀产沙量；同时植被的布设位置不同，使得草带所发挥的水土保持功效和调控侵蚀的范围与作用强度也不尽相同。可以看出，植被空间配置方式这一因素在调控坡沟系统侵蚀产沙过程中显得尤为重要。

如前所述，植被格局 C 条件下，草带上边缘位置距离坡顶 4m，草带下边缘位置距离崩边线 2m，草带布设于坡面下部 60% 位置处，能够很好地发挥出缓流拦沙和滞流消能的水土保持功效，可以取得较好的减蚀效果，在试验范围下达到最佳。但 "4m 位置" 指标较为绝对，"坡面下部 60% 位置" 指标仅为单一数值，位置参数比较单一。因此，本书为了避免上述两种指标绝对和单一的弊端，采用植被相对、区域的概念代替绝对、单一位置的参数，来定量刻画植被减蚀效果达到最佳的植被空间配置方式，确定植被最优布设区域。

本书分别选取草带上边缘距离坡顶的距离与草带下边缘距离沟道底部的距离的比值作为植被相对位置指标 A，草带中心位置距离坡顶的距离与草带中心距离沟道底部的距离的比值作为植被相对位置指标 B。采用这两种植被相对位置参数来描述植被空间配置与侵蚀产沙之间的相关关系。图 6-9 绘制了不同格局条件下，两种植被相对位置指标与侵蚀产沙量对应关系；并将植被相对位置与对应条件下的侵蚀产沙量进行了函数拟合。

其植被相对位置参数与侵蚀产沙量的关系皆满足二次幂函数关系，其拟合函数的表达式分别为

$$y_a = 504.77\, x_a^2 - 885.73\, x_a + 430.07 \tag{6-2}$$

$$y_b = 600.55\, x_b^2 - 1070.4\, x_b + 524.98 \tag{6-3}$$

式（6-2）中，y_a 为产沙量；x_a 为植被相对位置指标 A（草带上边缘距离坡顶的距离与草带下边缘距离沟道底部的距离的比值），判定系数 $R^2 = 75\%$。式（6-3）中，y_b 为产沙量；x_b 为植被相对位置指标 B（草带中心位置距离坡顶的距离与草带中心距离沟道底部的距离的比值），判定系数 $R^2 = 74\%$。这两个植被相对位置指标的拟合函数的判定系数 R^2 均在 74% 以上，表明了本次拟合结果的准确性以及植被相对位置指标选取的合理性。

从图 6-9 可以看出，两种植被相对位置指标的函数拟合关系形态一致，皆满足典型的二次幂函数关系，即随着植被相对位置的增加，对应植被格局的侵蚀产沙量逐渐下降至最低值，然后又有所增加。从实际植被调控侵蚀产沙的物理意义上来看，植被相对位置指标较小时，即草带距离坡顶与距离沟道底部比值较小，植被布设位置相对靠上时，也就是试验中植被格局 D 和植被格局 E 的情况；此时坡沟系统侵蚀产沙量较大，植被调控坡沟系统侵蚀产沙的作用还未发挥，甚至会起到一定的负面作用，即加剧侵蚀。随着植被相对位置

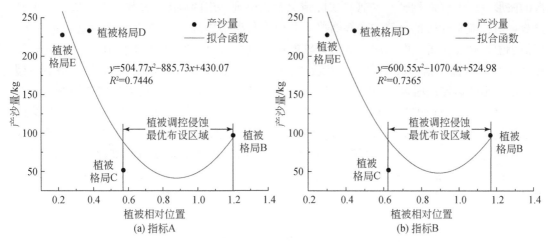

图6-9　不同植被格局条件下植被相对位置与侵蚀产沙总量回归结果

的逐渐增加，草带距离坡顶与距离沟道底部比值逐渐增大，即草带布设位置逐渐向下移动，坡沟系统的侵蚀产沙量逐渐减小，植被的减蚀效果得以体现并且逐渐增强，也就是试验中的植被格局 C 的情况。按照拟合曲线趋势，随着植被相对位置的继续增加，草带距离坡顶与距离沟道底部比值继续增大，即草带布设位置继续向下移动，坡沟系统的侵蚀产沙量继续减小至最小值，坡沟系统侵蚀产沙量最小，此时植被的减蚀效果充分得以体现并且达到最佳状态。随着植被相对位置的继续增加，草带距离坡顶与距离沟道底部比值继续增大，即草带布设位置继续向下移动，草带下边缘接近于峁边线，坡沟系统侵蚀产沙量从谷值逐渐开始"回升"，坡沟系统侵蚀产沙量逐渐增加，此时植被的减蚀效果逐渐开始减弱，即试验中的植被格局 B 的情况。

　　总体来说，在试验条件下，从不同植被布设位置的实际侵蚀产沙情况以及拟合的二次幂函数的走势情况可以看出，在25%低覆盖度情况下，随着草带位置从坡顶逐渐向峁边线移动，坡沟系统侵蚀产沙量的确会出现先逐渐减小至最低值，然后逐渐增加的情况。正如4.4节所述，试验条件下的确存在径流加速临界现象，加速空间临界值定义为坡沟系统下部长度的54%，小于该临界值时，植被对径流流速的调控作用明显；而大于该临界值时，植被对径流流速的调控作用很弱，甚至对径流流速起到一定的加剧作用。实际上，该径流加速空间临界现象也正是植被空间配置临界现象的体现。

　　因此，在实际侵蚀产沙过程中的确存在着一个植被调控侵蚀产沙的临界区域，即植被调控侵蚀最优布设区域或最佳植被空间配置方式。在此区域内布设植被，植被可以依靠合适的位置，能够发挥出缓流拦沙和滞流消能的双重水土保持功效，有效地拦截草带上方泥沙，同时有效地抑制和减缓径流流速和"洪峰流量"在加速空间内的快速增长，调控范围涉及坡面和沟道范围内的各个坡段，达到良好的减蚀效果，使得坡沟系统侵蚀产沙均处于较低的水平。相反，远离该区域布设植被，植被不能充分发挥调控侵蚀的作用，调控范围和强度也十分有限，甚至还会加剧侵蚀，导致坡沟系统侵蚀产沙处于较高水平。

　　根据上述分析，本书在图6-9中绘制了植被调控侵蚀产沙的最优布设区域。值得注意的是，受试验条件所限，本次拟合函数的判定系数 R^2 没有超过90%，导致拟合的二次幂函数的波形、极值（对称轴）位置与实际情况难免出现一定的偏差。从图 6-9 中看出，两种植被相对位置指标所拟合的二次幂函数的最小值与植被格局 C 条件下的产沙量相差不多，但最小值出现的位置，即二次函数对称轴的位置（指标 A：0.877；指标 B：0.891）与植被格局 C 的位置（指标 A：0.571；指标 B：0.625）相差较远。因此，在寻找植被调控侵蚀产沙的最优区域的时候，应按照以实际试验情况为主，拟合函数结果为辅的原则进行寻找。最终，本书将植被格局 C 条件下草带布设位置至植被格局 B 条件下草带布设位置之间的范围定义为植被调控最优布设区域。即草带上边缘距坡顶的距离与草带下边缘距沟道底部的距离之比在 0.571～1.2 之间，或草带中心距离坡顶和沟道底部距离之比在 0.625～1.167 之间，这样的一个范围界定为最佳植被空间配置方式。同时值得注意的是，调控侵蚀最优的植被布设区域的相对位置参数需要通过不断的试验和实际观测加以修正和完善。

6.6　小　　结

本章在第 4 章和第 5 章研究的基础上，已经揭示了不同植被空间配置对细沟侵蚀发生、发展过程的调控作用机制，辨析出坡沟系统不同坡段土壤侵蚀、输移、沉积的动态变化规律，探讨了不同植被配置方式下侵蚀输沙过程特征，阐明了不同植被格局条件下坡沟系统泥沙来源变化规律，揭示了植被空间配置方式对坡沟系统泥沙来源变化的作用机制。在此基础上，对泥沙来源进行进一步深入辨析，阐明坡沟系统植被配置的侵蚀动力学作用机制，辨析不同植被配置方式下的水土保持功效，水沙调控效率、方式、调控范围以及动力调控途径的差异，提出并确定低覆盖度下调控侵蚀的最优植被空间配置方式，揭示植被空间配置方式对坡沟系统侵蚀输沙的调控作用机理。小结如下。

（1）在侵蚀动力影响因素中，径流流速和径流含沙量，即径流剪切力和径流携运泥沙能力共同作用于坡沟系统土壤侵蚀输沙过程。这两个因素在某一坡段会同向作用于土壤侵蚀输沙过程，同时加剧或者同时削弱土壤侵蚀程度；但在某一些坡段，这两个影响因素又会反向作用于土壤侵蚀输沙过程，加剧和削弱的作用同时存在。径流剪切力在整个坡沟系统侵蚀输沙过程中占主导作用。植被格局依靠对这两个侵蚀动力影响因素的调控作用来调控坡沟系统侵蚀输沙过程；控制坡沟系统细沟形成、发展和强度，尤其是其对沟道范围内的细沟侵蚀作用，该调控作用不但改变了细沟侵蚀的位置，更重要的是改变了坡沟系统中主要的侵蚀方式。

（2）自然状态条件下的裸坡，坡面与沟道的侵蚀产沙比例为 3:5，沟道范围内的侵蚀产沙依然是整个坡沟系统的主要侵蚀产沙来源，径流对沟道的侵蚀作用要强于坡面。不同植被空间配置方式下，坡面与沟道的侵蚀产沙比例发生了一定程度的改变，基本以沟道侵蚀产沙为主，体现了黄土高原地区"坡面产水、沟道产沙"的说法；其坡面与沟道的侵蚀产沙比例的变化反映出植被空间配置方式对侵蚀产沙的调控范围与作用强度的变化。

（3）植被格局 B 和 C 条件下的草带布设位置不同，导致植被所能调控的侵蚀产沙范围不同，侵蚀的减缓部位、减缓幅度以及草带能发挥作用的水土保持功效截然不同。草带布设于坡面下部（植被格局 B），依靠缓流拦沙的水土保持功效有效调控坡面范围内的侵蚀产沙，可以有效减缓坡面范围内的侵蚀强度；但由于不能有效抑制沟道范围内的径流流速的增长,因此未能有效发挥滞流消能的水土保持功效,以至于沟道范围内的侵蚀产沙量较裸坡略有增长。草带位于坡面中下部(植被格局 C),同时具备了较好的缓流拦沙和滞流消能的双重水土保持功效。依靠缓流拦沙的水土保持功效有效调控草带以上坡面范围内的侵蚀产沙过程,可以有效减缓坡面范围内的侵蚀强度。同时,依靠滞流消能的水土保持功效能够有效地抑制和减缓沟道范围内径流流速和"洪峰流量"的增长和发展,从而有效地削弱了径流的侵蚀能量,起到了较好的滞流消能的水土保持功效,大幅度减缓坡面下部和沟道范围内的侵蚀程度,使得坡面下部和沟道的侵蚀产沙量大幅度减少。

(4)从水沙关系的角度考虑,不同植被格局的草带布设相比蓄水减沙的水土保持功效而言更具有直接拦沙的水土保持功效。从水蚀动力的角度考虑,草带对其坡面上方来水来沙和下方径流产沙的水蚀动力过程和侵蚀产沙过程分别发挥出缓流拦沙和滞流消能的水土保持功效。合理的植被格局,依靠合适的位置,能够有效发挥出良好的缓流拦沙的水土保持功效,同时也能够很好地发挥出滞流消能的水土保持功效,且这两种水土保持功效调控侵蚀的作用范围、作用强度和动力调控途径与草带布设位置密切相关。随着降雨过程的延续、降雨历时的增加,植被的减蚀效果会有所增强。

(5)植被在坡沟系统中的相对位置指标与侵蚀产沙量之间满足二次幂函数关系。在实际侵蚀产沙过程中的确存在着一个植被调控侵蚀的最优布设区域,即最佳植被空间配置方式。在此区域内布设植被,植被可以依靠合适的位置,能够发挥出植被缓流拦沙和滞流消能的双重水土保持功效,调控范围能涉及坡面和沟道的各个坡段,以达到良好的减蚀效果,使得坡沟系统侵蚀产沙处于较低的水平。而远离该区域布设植被,加速空间超过临界值,植被不能充分发挥调控侵蚀的作用,调控范围也十分有限,甚至还会加剧径流侵蚀,使得坡沟系统侵蚀产沙处于较高水平。草带上边缘距坡顶的距离与草带下边缘距沟道底部的距离之比在 0.57 ~ 1.20 之间,或草带中心距离坡顶和沟道底部的距离之比在 0.63 ~ 1.17 之间,为植被调控侵蚀最优布设区域。调控侵蚀最优植被布设区域的植被相对位置参数需要通过不断的试验和实际观测加以修正和完善。

参 考 文 献

胡春宏,张晓明. 2019. 关于黄土高原水土流失治理格局调整的建议. 中国水利,23:5-7.

刘国彬,上官周平,姚文艺,等. 2017. 黄土高原生态工程的生态成效. 中国科学院院刊,32(1):11-19.

刘晓燕. 2016. 黄河近年水沙锐减成因. 北京:科学出版社.

王光谦,钟德钰,吴保生. 2020. 黄河泥沙未来变化趋势. 中国水利,1:9-12.

于国强,李占斌,李鹏,等. 2017. 坡沟系统水蚀过程调控措施的作用机理研究. 北京:科学出版社.

Foster G R, Huggins L F, Meyer L D. 1984. A laboratory study of rill hydraulics. I: velocity relationships. Transactions of ASAE, 27(3):790-796.

Hu C. 2020. Implications of water-sediment co-varying trends in large rivers. Science Bulletin, 65:4-6.

Jin K, Cornelis W M, Gabriels D, et al. 2009. Residue cover and rainfall intensity effects on runoff soil organic carbon losses. Catena, 78(1):81-86.

Nearing M A, Simanton R, Norton D, et al. 1999. Soil erosion by surface water flow on a stony, semiarid hillslope. Earth Surface Processes and Landforms, 24(8):677-686.

Wang B, Zhang G H, Shi Y Y, et al. 2014. Soil detachment by overland flow under different vegetation restoration models in the Loess Plateau of China. Catena, 116 (5): 51-59.

Wei W, Chen L, Fu B, et al. 2007. The effect of land uses and rainfall regimes on runoff and soil erosion in the semi-arid loess hilly area, China. Journal of Hydrology, 335 (3): 247-258.

Zhang X, Li P, Li Z B, et al. 2018. Effects of precipitation and different distributions of grass strips on runoff and sediment in the loess convex hillslope. Catena, 162: 130-140.

7 黄土高原丘陵沟壑区临界地貌侵蚀产沙特征

本书第3章至第6章从坡沟系统出发，以坡沟系统为研究对象，从小尺度的角度入手，分别开展了冲刷和降雨条件下，植被格局调控径流侵蚀产沙作用机制的研究。尤其在间歇性降雨试验研究中，发现了在实际侵蚀产沙过程中的确存在着一个植被调控侵蚀的最优区域，从而说明，在坡沟系统实际侵蚀产沙过程中存在着一个植被调控侵蚀的临界区域（位置）的现象。本章则以小流域为研究对象，从大尺度的角度入手，开展小流域地形地貌与侵蚀产沙的耦合关系研究，以期阐明黄土高原丘陵沟壑区地貌侵蚀产沙特征，建立基于地貌特征的流域尺度侵蚀产沙预测模型。

黄土高原以其独特的地形地貌形态而举世闻名，其形式复杂多样，黄土高原占中国西北地区40%以上的面积。特别是由黄土梁、峁而成的黄土丘陵沟壑区，由于黄土厚度大、结构松散、孔隙度大、黄土高原丘陵起伏、沟壑纵横、生态脆弱，黄土高原地质灾害尤为发育且备受关注（Hessel，2006；Xu，2004，1999；Zheng et al.，2008；Wu et al.，1994）。黄土丘陵是黄土高原面积最为辽阔的地貌类型，面积达 23.6km²，占黄土高原面积的56.79%。黄土丘陵区地面崎岖，地形破碎，沟谷密度大，是黄土高原侵蚀以及水土流失最为严重，生态环境最为脆弱的地区，也是地质灾害发育最为严重的地区（刘晓燕，2016；刘国彬等，2017；胡春宏和张晓明，2019；王光谦等，2020；Hu，2020）。

目前，整个黄土高原地区土壤侵蚀的影响依然是限制该地区农业和林业生产力的最严重问题之一（Wu et al.，1994）。小流域通常作为黄土高原水土流失综合治理的基本单元。因此，建立一个通用的流域尺度水土流失预测模型已成为土壤侵蚀和水土保持研究的前沿领域（Hessel，2002，2006；Hessel and Van Asch，2003）。流域尺度的侵蚀产沙是降雨和下垫面之间相互作用而导致的复杂物理过程的一部分。土壤颗粒被雨滴和径流剥离而产生由水而诱发的土壤侵蚀，土壤颗粒通过击溅和薄层水流而输移，导致土壤和水分的最终流失。一些旨在控制侵蚀的实践得到了推广，其中包括保护性耕作，减少坡长，以及使用水利结构（如草地水道，坡度控制结构，梯田和淤地坝）（Czapar et al.，2005）。除了这些实用的技术以外，还开发了各种土壤侵蚀预测工具，包括通用土壤流失方程（USLE）（Wischmeier and Smith，1978）、修正土壤流失方程（RUSLE）（Renard et al.，1997）和土壤水蚀预测模型（WEPP）（Lane and Nearing，1989）。USLE 和 RUSLE 模型都由从广泛的数据库中导出的经验模型集合组成。因此，当模型参数用于特定区域时，它们的模型参数都会涉及一定的不确定性（Renard and Freimund，1994）。此外，在使用 WEPP 模型（Foster，2001）之前，必须确定所涉及的土壤侵蚀的复杂因素，如气候、土壤、地形和土地利用。然而，对侵蚀过程的全面了解依然很难实现，这就限制了许多以过程为导向的模型的准确性和可靠性，而大数据输入的要求可能会限制综合仿真模型的使用（Bhattacharya and Solomatine，2000）。因此，研究人员另辟蹊径，开始寻求其他的预测方法。近年来，人工神经网络（ANN）作为一种建模方法开始被用来预测土壤侵蚀。尽管它们具有黑盒子的性质，忽略了一些参数的真正的物理含义，但人工神经网络在捕捉降雨-径流-产沙过程的非线性问题方面具有较强的灵活性，因此对水文过程模型的构建更具吸引力（Coulibaly et al.，2000）。

人工神经网络与其他确定性模型相比，仅需要较少的数据就能够进行预测。正如水文频率分析应用以及预测性能与其他预测方法之间的比较所证明的那样，人工神经网络比较适合于进行土壤侵蚀方面的预测（ASCE，2000a，2000b；Maier and Dandy，2000；Dawson and Wilby，2001）。近年来，人工神经网络已广泛应用于水文模型实践之中。自 20 世纪 80 年代中期，神经网络开发出有效的模拟训练算法以来，神经网络方案已成功解决了诸多比较广泛的水文问题，包括降雨-径流模拟和河流流量预测等实际问题（Dawson and Wilby，2001），并且被证明是该领域最有前景的工具之一（ASCE，2000a，2000b；Maier and Dandy，2000；Dawson and Wilby，2001）。

Jain（2001）采用人工神经网络方法建立了侵蚀产沙同径流流量的关系，发现人工神经网络模型的性能优于产沙速率曲线。Tayfur（2002）将神经网络用于模拟泥沙输移，发现人工神经网络能够表现出与基于物理的模型一样优越的性能，并且在某些情况下更能够胜任此项任务。Kisi（2004）同时采用了三种不同的人工神经网络技术来预测和估计日悬浮泥沙浓度，发现多层感知模型的表现优于广义回归和径向基函数神经网络。Kisi 等（2008）成功地应用数据驱动算法构建了基于人工神经网络的侵蚀产沙评估模型。Agarwal 等（2006）使用反向传播人工神经网络（BP 神经网络，BPANN）技术模拟了印度流域每日、每周、每十天和每月的径流量和侵蚀产沙量。Kisi（2004）、Kisi 等（2008）采用了不同的人工神经网络技术模拟了悬浮泥沙，并将模拟精度与泥沙速率曲线进行了比较。所有这些研究都是使用传统的神经网络模型和 BPANN 算法来模拟侵蚀产沙量。其算法的主要缺点是容易陷入局部最小。在许多人工神经网络结构中，具有 BP 神经网络结构的多层前馈式网络算法通常用于预测和参数估计（Kolehmainen et al.，2001）。然而，采用 BP 神经网络进行定量评估流域尺度侵蚀产沙影响因子敏感性的研究还相对较少。

目前，一个很有应用价值的空间度量标准——分形信息维数（Mandelbrot，1967）频繁用于许多地球科学应用，包括遥感图像复杂性特征描述（Turner and Ruscher，1988；De Cola，1989；Qiu et al.，1999；Liu and Cameron，2001；Lam，2004）以及土地利用/土地覆盖分类和变化监测。在地质学上，这种方法用来描述地质对象和特征（Mandelbrot，1967；Cheng，1995；Wang et al.，2008a，2008b），用以将异常值与背景值分开（Cheng et al.，1994，2000），并量化矿化和矿床的性质（Agterberg，1993；Sanderson et al.，1994；Turcotte，1993，2002）。此外，诸多学者已将分形信息维数作为综合定量指标，用以确定流域下垫面地貌形态的复杂性和完整性，或用来检查表面地貌分形特征的量化和应用（Robert and Roy，1990；Klinkenberg and Goodchild，1992；Jaggi et al.，1993；Giménez et al.，1997；Wijdenes and Bryan，2001）。然而，很少有研究人员将分形信息维数应用于流域尺度的土壤侵蚀预测模型之中（Veneziano and Niemann，2000；Wijdenes et al.，2000；Lam et al.，2002；Liu and Xu，2002；Huang，2006）。

同时黄土高原是全国水土流失最严重的地区之一，长期的降雨-径流、土壤侵蚀，泥沙搬运与沉积过程的影响，塑造了黄土高原如今沟壑纵横、千沟万壑的地形地貌。在这样的过程中，地形地貌形态、发育阶段以及复杂程度均会对侵蚀产沙特征，侵蚀发生的主要位置、形式，侵蚀的主导方式以及规模产生巨大的影响（王光谦等，2020；刘晓燕，2016；胡春宏和张晓明，2019；刘国彬等，2017；Hu，2020）。由此会产生这样的一个由量变到质变、由渐变到突变的临界地貌现象（Dietrich et al.，1993；Prosser and Abernethy，1996；Poesen et al.，2003；Fournier，1960）。Schumm（1973）首次将临界规律引入地貌系统研究之中，之后许多学者开展了临界地貌与侵蚀产沙关系的研究（Dietrich et al.，1993；Prosser and Abernethy，1996），量化了地貌发育阶段，研究了临界坡度的侵蚀产沙规律，产沙量由量变到质变规律，并均取得了一定的研究成果，但同时也存在一定的局限性。虽然有些研究中考虑了黄土高原坡地系统、河道系统的临界地貌现象，但都是以单一的坡面、坡沟作为研究对象，还不能扩展到流域范围内；同时仅选取坡度、坡长地貌指标，尚不能全面、准确地刻画整个流域的地形地貌形态；而且仅以产沙量来表征流域侵蚀产沙的最终结果，往往忽略了的侵蚀产沙过程和内在特征，所得结论仍具有一定局限性。

因此，在黄土高原丘陵沟壑区开展临界地貌与侵蚀产沙特征的耦合关系模型研究十分具有科学和现实意义。本章以黄土高原丘陵沟壑区第一副区内典型流域岔巴沟流域为研究对象，采用 BP 神经网络技术并且结合流域次降雨侵蚀产沙特征，建立流域尺度的侵蚀产沙神经网络预测模型。通过缺失因子检验方法定量评价流域侵蚀过程对影响因子的敏感性，确定综合因素对流域侵蚀产沙内在特征的影响程度，验证流域临界地貌侵蚀产沙现象的真实存在。在此基础上，以流域临界地貌作为边界，结合确定的敏感因子与分形信息维数，建立并验证流域尺度次降雨临界地貌侵蚀产沙分段预测模型；阐明黄土高原丘陵沟壑区临界地貌侵蚀产沙特征，揭示不同地貌形态对黄土高原丘陵沟壑区小流域侵蚀产沙的影响方式和调控机理。

7.1 材料与方法

7.1.1 研究区概况

岔巴沟小流域是高原丘陵沟壑区第一副区内典型流域，为大理河流域一级支流，位于大理河流域下游，流域面积为 187km²，沟道长达 24.1km。黄土丘陵沟谷和河谷阶地构成了岔巴沟流域的两种主要地貌类型。黄土丘陵沟谷在整个地区都非常发育，因此流域陆地表面支离破碎、沟壑纵横，成为典型的黄土地貌景观。流域沟壑网络由岔巴沟主沟和十三个一级支沟组成。岔巴沟最大沟壑密度为 1.23km/km²，出现在左岸下游，上游和中游的沟壑密度明显低于下游。岔巴沟流域属于典型的大陆性气候，区内干燥少雨，年均降水量仅为480mm，降雨季节分配十分不均，7~9 月降雨量约占全年总降雨量的 70%，且以大雨强、短历时暴雨为主。资料显示，实测降雨强度最大可达到 210mm/h。由于流域内土质松散、土地利用不合理，坡度陡峭，同时植被稀少和降雨强度大，岔巴沟流域内土壤侵蚀极为严重，流域平均侵蚀模数 22200t/（km²·a），最小侵蚀模数就已经达到 2110t/（km²·a），最大侵

蚀模数高达 $71100t/(km^2 \cdot a)$。

由于岔巴沟流域土壤侵蚀极为严重、降雨强度大,降雨产沙资料翔实,侵蚀产沙特征鲜明,是黄土高原丘陵沟壑区第一副区内典型流域,诸多学者已经在此流域开展了多个方向的研究。本书为了保证数据来源的可靠性以及数据的代表性和说服力,除了选择岔巴沟主沟外,还选择杜家沟岔、西庄、三川口、驼耳巷、蛇家沟、黑矾沟、水旺沟 7 个子流域作为研究对象。这些水文站共同提供了覆盖大理河流域的完整而又准确的水文资料数据,同时各个水文站上游汇水面积都不相同,控制着不同规模、不同尺度的支流的径流和侵蚀产沙过程。本书全面搜集岔巴沟流域 1959~1990 年的径流泥沙观测资料(崔灵周,2002;朱永清;2006;鲁克新等,2008),选择上述 7 个子流域的 171 场次降雨径流泥沙特性数据进行分析与研究。本书所选择的主沟、子流域以及水文站位置如图 7-1 所示。

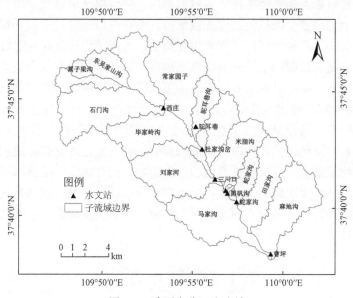

图 7-1　陕西省岔巴沟流域

7.1.2　BP 人工神经网络模型的建立及评判标准

BP 神经网络尤其在解决非线性复杂问题中具有较强的适应性和灵活性,因此被广泛应用。诸多文献记载,BP 神经网络在洪水演进和土壤侵蚀预测方面均有许多成功案例(Rumelhart et al., 1995;Basheer and Hajmeer, 2000;Kuo et al., 2004;Jiang et al., 2008),且都得到了认可。一个典型的神经网络由三部分组成:①输入层,其节点数代表输入变量(自变量);②输出层,其节点数代表输出变量(因变量);③隐含层,一层或多层用以获取非线性数据。典型的神经网络包括一层输入层、一层隐含层和一层输出层(Yang et al., 2009)。这些神经网络通用性很强,往往用于非线性数据建模、预测、分类、控制以及图像压缩和种类识别等各个方面(Jiang et al., 2008)。

BP 算法本质上是一种梯度下降技术,可以使网络误差函数最小化;每个变量根据动量梯度下降自动进行调整。对于优化过程的每一步，如果性能下降，学习速率会自动增加。这可能是最简单也是最常见的网络训练方式（ASCE，2000a，2000b）。实际上，术语"反向传播"就是指输出端的计算误差会从输出层向后传播到隐藏层，最后传播到输入层。BP神经网络将误差作为人工神经网络权重的函数，使用点最小误差的梯度下降方法，基于误差表面进行搜索。BP算法中的每次迭代进行两次扫描：前向激活产生一个解，以及向后传播计算的误差以修正权重（Basheer and Hajmeer，2000；Yang et al.，2009）。Basheer和Hajmeer（2000）、Jiang等（2008）对BP算法以及BP模型的构建方法进行了清晰的系统回顾。

尽管通用的BP神经网络具有较强的灵活性和适应性，但同样存在几点缺陷：①容易陷入局部网格极小；②收敛速度较慢或者不收敛；③训练学习的过程容易产生震荡。考虑到BP神经网络存在以上几点缺陷，本书对自适应学习速率和附加动量项进行改进。换句话说，BP神经网络在迭代计算过程中，按照式（7-1）和式（7-2），将训练过程中 $t+1$ 次训练次数处的权重值和神经元阈值根据 t 次训练次数状态的值进行更新：

$$w(t+1) = w(t) + \eta(t)D(t) + a[w(t) - w(t-1)] \tag{7-1}$$
$$\theta(t+1) = \theta(t) + \eta(t)e(t) \tag{7-2}$$

式中，$w(t)$ 为权重值；$D(t) = \partial E / \partial w(t)$ 为在 t 次训练次数的负梯度；$\theta(t)$ 为神经元阈值；$e(t)$ 为在 t 次训练次数的广义误差；a 为动量因子，通常取0.9（Swingler，1996）。当动量因子增加之后，权重值依靠前一次更新（幅度和方向）的一部分增加到最新一次更新步骤中，会自动向平均误差表面方向调整（Basheer and Hajmeer，2000）。这种方法既能减少网络收敛过程中的振荡，又能改善收敛性。$\eta(t)$ 为在 t 次训练次数的学习率，它随训练过程的变化而变化。在网络开始训练时，为了加快训练，通常采取相对较大的学习速度；之后，一般选取较低的学习率来确保网络在最小误差点上能够收敛，其表达如下：

$$\eta(t) = 2^\lambda \eta(t-1); \qquad \lambda = \text{sign}[D(t)D(t-1)] \tag{7-3}$$

式中，$\text{sign}(x)$ 为标记函数。式（7-3）表明当两个连续的迭代梯度具有相同的方向时，误差下降得缓慢，因此步长可能加倍。相反，当两个连续的迭代梯度具有相反方向时，误差下降加剧，步长可以减半。同时，为了避免学习速率过高（过度学习）而导致的网格震荡和发散，η 通常限制在0.01~0.1范围内（Fu，1995）。

为了评价本书中BP神经网络的准确性以及可靠性，我们选用了两种不同的评价标准以评估每一个网络的有效性和预测的能力。

评判标准一：均方根误差（RMSE），其计算式为

$$\text{RMSE} = \sqrt{\frac{\sum_{i=1}^{N}(y_i - \hat{y}_i)^2}{n}} \tag{7-4}$$

式中，y_i 为实测值；$\hat{y}_i$ 为预测值；n 为样本数。RMSE表示实测值和预测值之间的差异，数值越小，预测的准确度越高。

评判标准二：决定系数 R^2，其数学表达式为

$$R^2 = 1 - \frac{\sum (y_i - \hat{y}_i)^2}{\sum y_i^2 - \dfrac{\sum \hat{y}_i^2}{n}} \tag{7-5}$$

式（7-5）中各变量与式（7-4）相同，R^2 为所建立模型的初始不确定性的百分比。当 $\mathrm{RMSE}=0$ 和 $R^2=1$ 时代表最好的拟合结果，当然在实际建模计算预测的过程中，这种情况是不可能发生的。

本书在分析过程中，选取 1959～1990 年，岔巴沟流域的 171 场次降雨侵蚀产沙数据作为 BP 网络输入层、输出层样本数据（崔灵周，2002；朱永清；2006；鲁克新等，2008）。其中数据集分别包括杜家沟岔、西庄、三川口、驼耳巷、蛇家沟、黑矾沟、水旺沟 7 个子流域的 28 场次，33 场次，13 场次，20 场次，32 场次，28 场次和 17 场次的次降雨侵蚀产沙数据；所有样本数据均参与了 BP 神经网络模型的训练、交叉验证、检验的各个阶段。选取的 7 个子流域分别代表不同尺度，即不同区域面积和地形地貌条件下的侵蚀产沙数据，以表征不同面积、不同地形地貌特征条件下的流域侵蚀产沙特征，其相关信息如表 7-1 所示。

表 7-1　岔巴沟流域次降雨侵蚀产沙

子流域	流域面积 /km^2	平均洪峰流量 /(m^3/s)	平均总径流量/10^4 m^3	平均输沙量/10^4 t	分形信息维数	降雨场次
杜家沟岔	96	128.78	45.65	30.58	0.966 1	28
西庄	49	89.23	17.52	11.92	0.941 9	33
三川口	21	56.23	9.45	7.61	0.893 5	13
驼耳巷	5.74	22.05	3.00	1.23	0.830 8	20
蛇家沟	4.72	14.66	2.22	1.36	0.814 0	32
黑矾沟	0.133	0.22	0.017	0.01	0.636 8	28
水旺沟	0.107	0.98	0.062	0.03	0.582 1	17

神经网络训练阶段选取大量的可以反映流域整体侵蚀产沙特征的数据，这样可以使得构建的 BP 神经网络具有更好的数据泛化能力。为了达到此目标，本书选取的 171 组样本数据集被分成三个数据子集，训练数据子集包括 113 组样本数据，约占整个数据集的 66%，选取 1959～1980 年的数据；交叉验证数据子集包括 29 组样本数据，约占整个数据集的 17%；检验数据子集包括 29 组样本数据，约占整个数据集的 17%。研究所选取的 7 个子流域的全数据集和各个数据子集的统计结果如表 7-2 所示；其中包括选取子流域在三个数据子集和全数据集的最小值、平均值和最大值。对表 7-2 的分析表明，所采用的数据集选择方法使得数据贯穿训练、交叉验证、测试各个数据子集，具有较好的代表性。本书中，选用 n 重交叉验证方法来提高 BP 网络的数据泛化能力并防止过度拟合。所有的数据被随机分成尺寸相同、网络结构不同的 9 个数据子集（$n=9$），然后对选取的参数进行训练、修正。在每一个子集的训练过程中，其中一个子集不参与训练供后续验证使用。这个

过程循环反复，直到各子集的误差不再降低。在训练和验证之后，最终选取了9个子集中误差最小的网络结构作为最终 BP 网络结构，以供后续评估之用。

表7-2　子流域在训练、验证、测试子集的统计结果

子流域	径流深/mm	洪峰流量模数/[m³/(s·km²)]	径流侵蚀功率/[m⁴/(s·km²)]	侵蚀模数/(t/km²)	降雨场次
最小值					
全数据集	0.33	0.09	0.000031	97	171
训练子集	0.33	0.09	0.000031	104	113
验证子集	0.53	0.85	0.000089	103	29
测试子集	0.47	0.15	0.000049	97	29
平均值					
全数据集	4.45	2.86	0.036155	2593	171
训练子集	4.52	2.74	0.025144	2746	113
验证子集	2.58	1.51	0.006356	1302	29
测试子集	6.11	4.39	0.080702	3451	29
最大值					
全数据集	38.97	41.64	1.622707	15218	171
训练子集	38.97	41.64	1.622707	15218	113
验证子集	21.27	36.58	1.360861	12134	29
测试子集	36.23	41.12	1.460861	15043	29

对于任何 BP 人工神经网络模型，选择合适的初始化变量对模型建立过程至关重要。由于1990年前，研究区内采取的与植被措施有关的水土保持措施相对较少，各个子流域的植被覆盖率相对较低，植被对侵蚀产沙的作用相对较小。此外，还难以量化水土保持综合治理等因素。因此，我们忽略了植被措施这一因子，选择了与侵蚀产沙直接相关的径流深、洪峰流量模数和径流侵蚀功率作为输入层变量，次降雨侵蚀模数作为输出层变量，用于模型的训练和检验。

输入层和输出层变量由不同物理含义、单位和数据范围的参数组成。所有的变量都需要进行标准化处理，以确保所有变量在网络模型学习训练阶段公平处理。对于任何一个 BP 神经网格而言，所有样本数据均经过统一规定的范围内的标准化处理，这样的处理过程是必不可少的，其可以有效防止隐含层节点过早饱和而阻碍学习效率，大数据覆盖小数据（Jiang et al., 2008）。所以在本书中，在数据前期处理阶段，数据均进行了标准化处理，将数据处理到（0.1, 0.9）范围内。

大量的研究表明，三层 BP 神经网络模型在理论上可以准确刻画出任何非线性关系（Jiang et al., 2008）。鉴于此，本书同样也选取了三层网络结构。将三个节点和一个节点定义为输入层与输出层节点数；隐含层节点数通过反复的试算和误差比较（Basheer and Hajmeer, 2000），最终确定为6。因此，最终的 BP 神经网络结构包括3个输入节点，6个隐藏节点和1个输出节点，即 BP 神经网络结构为3：6：1。

BP 神经网络模型的建立以及数据训练、检验均在 MATLAB 7.0（MathWorks company, Natick, Massachusetts, UAS）下完成。所有权重值和阈值在连接节点时, 其初始值均被随机分配到 (0, 1) 一个相对较小的范围内（Basheer and Hajmeer, 2000）。BP 神经网络假设学习效率初始值设定为 0.1（Jiang et al., 2008）, 动量系数初始值设定为 0.9; 训练精度设定为 1×10^{-4}, 最大训练时间设定为 1×10^4。采用训练和测试的子集的平方误差总和作为收敛标准（Jiang et al., 2008）。经过 2300 时步迭代运算之后, 误差达到 0.53×10^{-4}, 动量系数为 0.8, 学习速率为 0.1。

7.1.3　基准校验模型（MLR 模型）

为了校验 BP 神经网络的预测性能, 本书选择基于标准方法的检验手段: 多重线性回归模型（a multiple linear regression, MLR）, 对数据集进行校验。众所周知, MLR 是一种常见的基于统计技术回归模型, 用来检验多因子多变量之间的相关关系。在此, 我们在使用该模型的计算过程中, 采用最小二乘法用以预测流域次降雨的侵蚀产沙事件。同样选取训练子集的数据样本进行学习, 采用测试子集的数据样本进行评估, 交叉验证子集数据样本未被使用。模型的表现、预测行为、过程开发和验证均参考上述介绍的统计参数 RMSE 和 R^2 进行验证, 其验证结果在分析部分呈现。

7.1.4　分形信息维数

分形信息维数的概念最早是由 Mandelbrot 在 1967 年提出, 用以描述几何图形（如 von Koch 曲线）的自相似性（Mandelbrot, 1967）。分形信息维数是描述和表征复杂地形和表面的有用的工具。近期, 分形信息维数在地球科学和环境科学界的成功应用已经推广到环境监测、景观和功能区划等领域（Lam, 2004; Read and Lam, 2002; Al-Hamdan, 2004; Quattrochi et al., 2001）。分形信息维数的一个重要的定量指标——分形信息维数（D_i）, 可以是一个整数, 也可以是一个非整数, 因此该指标（D_i）可用来表征地形和表面复杂性。

我们使用不同尺寸大小的盒子来覆盖流域地形图, 计算流域尺度表面地形地貌的分形信息维数, 然后根据非空盒子中等高线的复杂性和密度, 最终确定计算结果。由于流域表面地貌在空间分布不均匀以及存在诸多形式的分形信息维数用来表征流域地貌特征; 在此, 我们采用分形信息维数作为量化指标（Wijdenes and Bryan, 2001）, 建立盒子覆盖法的计算模型, 最终用以量化流域地貌形态, 其表达式如式（7-6）和式（7-7）所示。

$$D_i = -\lim_{r \to 0} \frac{I(r)}{\lg r} \tag{7-6}$$

$$I(r) = \lg \sum_{m=1}^{N} (1/m) p(m, r) \tag{7-7}$$

式中, D_i 为分形信息维数; $I(r)$ 为流域地貌信息量; r 为单元（盒子）尺度; m 为给定尺度大小的单元（盒子）中等高线数目; N 为 m 的最大可能值; $p(m, r)$ 为单元尺度为

r 时，有 m 个等高线的单元出现概率，$p(m,r)$ 的计算公式为

$$p(m,r)=N_m(r)/N(r) \tag{7-8}$$

式中，$N_m(r)$ 为单元尺度为 r 时，含有 m 个等高线的单元数目；$N(r)$ 为单元尺度为 r 时，覆盖流域地形图的非空单元总数。

我们采用相应的计算程序（崔灵周等，2007），计算不同单元（盒子）尺度的 $I(r)$ 和 $\lg r$，其相关关系在双对数坐标上体现，同时进行直线拟合并确定无标度区间；即将该区间内的直线斜率定义为流域地貌形态的分形信息维数。杜家沟岔和黑矾沟流域的分形信息维数的双对数曲线和线性回归结果如图 7-2 所示。

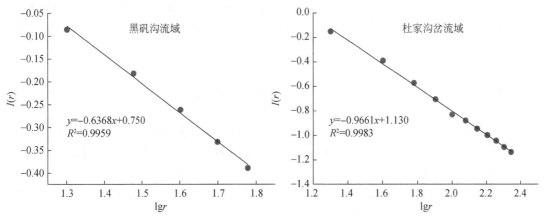

图 7-2 分形信息维数双对数曲线和线性回归结果

诸多研究已经证实，流域地形地貌的简单、复杂程度均可以通过分形信息维数得到合理的反映（Lam，2004；Read and Lam，2002）。分形信息维数可以被认为是地形地貌复杂程度定量化的既有效又准确的指标。地形地貌形态或表面状况越复杂，分形信息维数越大；相反地形地貌形态或表面状况越简单，分形信息维数越小。

7.1.5 径流侵蚀功率

径流深是一种能够反映出降雨能力和降雨量再分配强度的指标，而洪峰流量与洪水强度和径流汇合过程中下垫面的影响密切相关。尽管如此，这两个参数均不能准确反映次暴雨引发洪水的综合特征（Yu et al.，2014；张霞等，2015）。为了解决此问题，本书将次降雨径流侵蚀功率 E 定义为洪峰流量模数 Q'_m 和径流深 H 的乘积，以消除流域面积带来的影响，其表达式为

$$E=Q'_m H=\frac{Q_m}{A}\cdot\frac{W}{A}=\frac{Q_m}{A'}\times A'\times\frac{W}{A^2}=\frac{A'}{A^2}\times W\times V$$

$$=\frac{A'}{\rho\times g\times A^2}\times\rho\times g\times W\times V=\frac{A'}{\rho\times g\times A^2}\times F\times V \tag{7-9}$$

令 $\mathrm{Con}=\dfrac{A'}{\rho\times g\times A^2}$，$\rho\times g\times W=F$，则式（7-9）转化为

$$E = \mathrm{Con} \times F \times V \qquad\qquad (7\text{-}10)$$

式（7-9）和式（7-10）中，Q'_m 为洪峰流量模数，$\mathrm{m^3/(s \cdot km^2)}$；$H$ 为次暴雨流域平均径流深，mm；W 为次暴雨的径流总量，$\mathrm{m^3}$；A 为流域面积，$\mathrm{m^2}$；Q_m 为洪峰流量，$\mathrm{m^3/s}$；A' 为与 Q_m 对应的流域出口断面的过水面积，$\mathrm{m^2}$；V 为流域出口断面与 Q_m 对应的平均流速，$\mathrm{m/s}$；ρ 为水的密度，$\mathrm{kg/m^3}$；g 为重力加速度，$\mathrm{m/s^2}$。

从式（7-10）看出，指标 E 具有功率的量纲，综合表征了次降雨过程中洪水侵蚀和侵蚀产沙能力，综合涵盖了径流深与洪峰流量的特性，从力学上功率的角度解释了流域中"降雨–洪水–侵蚀产沙–侵蚀能力"这一暴雨侵蚀过程，并在许多方面和领域进行了有益的尝试与应用（Yu et al., 2014；张霞等，2015；崔灵周等，2007）。本书采用径流深和洪峰流量模数值计算径流侵蚀功率值，这些数据来源于 1959 ~ 1990 年岔巴沟 7 个子流域次降雨径流泥沙资料。

7.1.6　侵蚀产沙模型影响因子敏感性分析方法

先前关于岔巴沟流域的研究表明：该流域具有明显的"大水对大沙、小水对小沙"的侵蚀产沙特征（崔灵周等，2007）。然而各子流域之间的侵蚀产沙特征存在显著差异，这是各子流域下垫面地貌形态差异所致（Zheng et al., 2007, 2008；Liu and Liu, 2010）。因此，为了进一步探究产生该差异的原因，本书对岔巴沟流域以及子流域的侵蚀产沙特征的各个影响因子进行进一步的敏感性分析。

基于已建立的 BP 神经网络模型，对每个子流域的侵蚀模数的影响因子，采用缺失因子检验法（n–1）进行敏感因子排序，并将 7 个子流域的最终排序结果与分形信息维数进行综合比较。最初的 3 因子输入的 BPANN 模型（3∶6∶1）为全因子网络模型，每次仅将初始的因子网络模型（3∶6∶1）减少一个输入层变量，建立关于侵蚀模数的 2 因子输入的 BPANN 缺失因子网络模型（2∶6∶1）。

为确保 2 因子输入的 BPANN 缺失因子网络模型（2∶6∶1）与初始 BPANN 全因子网络模型（3∶6∶1）具有可比性，所有用于建立 BPANN 缺失因子网络模型的测试样本和参数均与初始 BPANN 全因子网络模型构建时采用的测试样本和参数完全一致。然后，所有全因子网络模型和 2 因子输入 BPANN 模型（缺失因子网络模型）用于模拟各个子流域侵蚀产沙情况，每个子流域总共构建 4 组（1 组全因子+3 组缺失因子）BPANN 模型（冯绍元等，2007；Yu et al., 2014）。

各个子流域下的缺失因子网络模型（2∶6∶1）与全因子网络模型（3∶6∶1）的检验误差（均方根误差）比率计算式如下：

$$R_i = \mathrm{RMSE}_i / \mathrm{RMSE} \qquad\qquad (7\text{-}11)$$

式中，R_i 为敏感指数；RMSE_i 为缺失第 i 个因子的 BPANN 模型的均方根误差（检验误差）；RMSE 为全因子 BPANN 模型均方根误差（检验误差）。

敏感指数 R_i 用来确定各个子流域的缺失因子对侵蚀模数（输出因子）的敏感性响应程度。若 $R_i > R_j$，说明第 i 个因子对子流域径流侵蚀产沙过程即侵蚀模数（输出因子）的影响要强于第 j 个因子，从而确定该输入因子（缺失因子）对其子流域侵蚀模数的敏感性。

7.2 BPANN 模型与 MLR 模型预测结果比较

MLR 模型与 BPANN 模型对流域侵蚀产沙模数的预测评估结果如表 7-3 所示。表中同时列举了两个预测模型分别在训练（学习）阶段和检验（测试）阶段的性能指标参数，并且为了比较统计上的有效参数，也进行了 t 检验（0.05 显著水平）。MLR 模型训练阶段，径流深（H）、洪峰流量（Q'_m）和径流侵蚀功率（E）的置信区间分别为（569.113，712.439）、（92.450，372.253）和（−14740.389，8413.389），表明 MLR 模型具有数据统计意义上的有效性。因此，这三个影响因子均被引入 MLR 模型中，其推导的预测表达式如下：

$$M_s = -360.251 + 640.906H + 232.352\,Q'_m - 11576.889E \tag{7-12}$$

式中，M_s 为流域次降雨侵蚀模数，t/km^2。

表 7-3 MLR 模型和 BPANN 模型在样本训练和测试阶段的性能指标

性能指标	训练阶段		检验阶段	
	MLR	BPANN	MLR	BPANN
R^2	0.896	0.973	0.826	0.964
RMSE	1386.40	456.23	1571.60	658.36

BPANN 模型经过了 2300 次迭代计算，执行了模型预测。计算出的训练和测试阶段的执行指标非常相似，表明该模型能够产生良好的预测结果。事实上，BPANN 模型的性能指标均优于 MLR 模型，表明 BPANN 模型较 MLR 模型具有更好的预测性。图 7-3 和图 7-4 为 BPANN 模型在训练（学习）阶段和检验（测试）阶段，侵蚀模数的观测值（实际值）与模拟值（预测值）的散点图分布情况。从图 7-3 和图 7-4 中可以看出，BPANN 模型可以很好地模拟预测流域侵蚀模数。

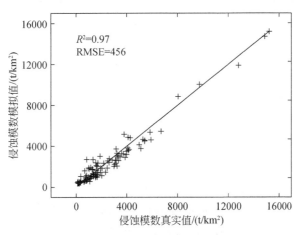

图 7-3 训练阶段侵蚀模数实测与预测值散点图

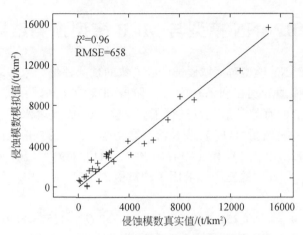

图 7-4　检验阶段侵蚀模数实测与预测值散点图

图 7-3 和图 7-4 的结果揭示出，BPANN 模型在检验（测试）阶段中表现出良好的误差收敛性能，展示了 BPANN 模型的高精度预测水平，其 RMSE 为 $658t/km^2$，R^2 为 0.96；侵蚀模数的平均检验（测试）误差为 $423.65t/km^2$，平均相对误差仅为 8.32%。因此，本书构建的 BPANN 模型能够有效表征综合条件下侵蚀产沙动态变化规律，满足流域尺度，即大尺度的次降雨侵蚀产沙的预测要求。

一般来说，BPANN 模型表现出比 MLR 模型更均匀的误差分布，而 MLR 模型会产生更大的误差相。尽管 MLR 模型使用经验函数来量化自变量对侵蚀产沙侵蚀模数的影响，而在 BPANN 模型中，变量之间的关系是通过网络的结构和突触权重，同时结合输入变量的并行处理技术进行构建；因此，在 BPANN 模型中仅需要输入变量和输出变量（Lam，2004；Read and Lam，2002）。虽然两种预测模型都能够识别、处理相同类型对侵蚀和产沙响应之间关系，但由于 BPANN 模型具有信息的并行处理结构，而具有性能更为优越的信息处理、学习和预测能力。因此 BPANN 模型在预测流域侵蚀模数方面具有比 MLR 模型更好的性能。

7.3　流域侵蚀产沙影响因子敏感性分析

通过上述的侵蚀产沙模型影响因子敏感性分析方法的分析与比较，最终绘制了各个子流域的敏感性分析结果，如图 7-5 所示。通过对比分析全因子网络模型以及缺失因子网络模型检验误差可以看出，3 个缺失因子（2 因子）网络模型与全因子网络模型相比，其预测结果的检验误差均有不同程度的增大（$R_i>1$），说明输入因子，即 3 个缺失的因子对 BP 神经网络模型的预测精度均有不同程度的影响。说明径流深、径流侵蚀功率和洪峰流量对流域侵蚀产沙模数预测结果皆有不同程度的影响，即流域侵蚀产沙模数对三个输入因子的敏感响应程度不同（Yu et al.，2014；张霞等，2015）。

从图 7-5 还可以看出，以图中的实线为界，当分形信息维数 $D_i<0.8140$ 时，流域侵蚀模数对径流深这一影响因素更为敏感，即径流深更能够影响（反映）流域侵蚀产沙过程；

随着分形信息维数逐渐减小，径流深的敏感性指数值逐渐增大，表明径流深对侵蚀产沙模数的影响程度变得更为剧烈。相反，当分形信息维数D_i>0.8308时，流域侵蚀产沙模数对径流侵蚀功率更为敏感，此时径流侵蚀功率更能够影响（反映）流域侵蚀产沙过程；随着分形信息维数逐渐增加，这种趋势更加明显，表明侵蚀模数与径流侵蚀功率关系更为紧密。

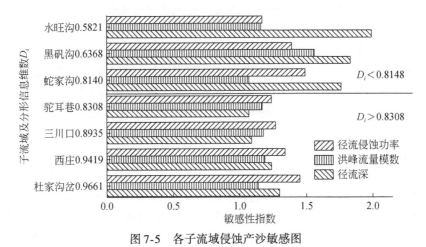

图7-5　各子流域侵蚀产沙敏感图

总体来说，当流域地貌较为简单时，侵蚀模数对径流深这一影响因子的敏感响应程度更加明显；相应地，此时采用径流深作为自变量更能够反映出流域侵蚀产沙规律，因此，此时基于径流深构建流域侵蚀产沙数学预测模型，能够更准确地描述流域侵蚀产沙的动态过程和特征。证实了当流域地貌较为简单时，使用径流深作为自变量更能胜任刻画流域产沙和侵蚀能力的任务。相反，当流域地貌复杂时，侵蚀模数对径流侵蚀功率这一影响因子的敏感响应程度十分显著，关系更为紧密；此时，采用径流侵蚀功率作为自变量更能够体现出流域侵蚀产沙的内在规律，这样基于径流侵蚀功率所构建的数学预测模型能够更准确地刻画出流域侵蚀产沙的动态过程和特征。表明当流域地貌复杂时，采用径流侵蚀功率能够更好地表征流域产沙和侵蚀能力。总而言之，流域侵蚀产沙特征变化规律与其地貌简单复杂程度密切相关。

综合分析可知，当流域地貌较为简单时，采用径流深能够更准确地描述流域侵蚀产沙特征；当流域地貌复杂时，采用径流侵蚀功率能够更准确地刻画流域侵蚀产沙特征。说明流域侵蚀产沙变化规律与地貌特征密切相关；流域地貌的简单或复杂程度，直接影响着流域侵蚀产沙过程和内在特征，导致流域侵蚀产沙过程及其水文响应特征发生了本质的改变，从而流域侵蚀的最终结果表现出流域侵蚀模数对哪一类（个）影响因素更为敏感。因此，不难发现，在流域侵蚀产沙过程中，的确存在着这样一个临界地貌的侵蚀产沙现象。

7.4　流域临界地貌侵蚀产沙分段预测模型

如前所述，本书建立了流域尺度的侵蚀产沙神经网络预测模型，在此基础上通过缺失因子检验法，确定了影响流域侵蚀产沙的敏感因子，同时也发现了在不同流域地貌形态下，其侵蚀产沙特征所对应的敏感因子会有所区别。通过分析可知，之所以会出现流域侵蚀模数对哪一类（个）影响因素更为敏感这样的现象，是因为流域侵蚀产沙过程及其动态水文响应特征发生了本质的改变，从而验证了流域临界地貌侵蚀产沙现象（Dietrich et al.，1993；Prosser and Abernethy，1996；Poesen et al.，2003）的真实存在。为了检验流域临界地貌侵蚀产沙现象的存在性以及合理性，也为了探究流域地貌简单和复杂的情况下，其侵蚀产沙特征所对应的敏感因子的准确性，本书以流域临界地貌作为边界，结合确定的敏感因子和分形信息维数，建立流域临界地貌侵蚀产沙分段预测模型，同时对该预测模型的准确性和可靠性进行验证。

多元非线性回归分析一般会包含多个（两个以上）变量的非线性回归模型。通常研究人员在掌握大量数据的基础上，采用数理统计方法建立自变量与因变量之间非线性曲线回归关系函数，将曲线函数（方程）线性化，然后求解。此回归方程是转变原始数据后的方程，而不是对原始数据的求解方程，用判定系数R^2表示变换后数据的方差。因此，欲提高回归模型的预测精度，需采用非线性方法直接求解（Marquardt，1963）。本书中，预测模型采用多元非线性最小二乘法［麦夸特（Marquardt）法］对曲线回归方程进行直接求解。

针对不同的流域地貌复杂程度，选用 BPANN 模型中使用的流域内 106 场次降雨侵蚀产沙水文资料。其中包括流域地貌相对较为简单（$D_i < 0.8140$）的黑矾沟和水旺沟 45 场次降雨水文数据；流域地貌相对较为复杂（$D_i > 0.8308$）的三川口、杜家岔沟和驼耳巷 61 场次降雨水文数据。自变量分别为分形信息维数D_i，以及同时引入的径流侵蚀功率 E 和径流深 H，以对比敏感因子和非敏感因子的预测精度；因变量为流域次降雨侵蚀模数 M_s，建立基于流域临界地貌的次降雨侵蚀产沙分段预测模型。

相关文献表明，流域侵蚀产沙模型多为幂函数形式（崔灵周，2002），因此本次研究的预测模型形式选用柯布–道格拉斯方程，采用麦夸特法进行多元非线性模型求解和拟合（Marquardt，1963）。其模型建立、参数估计、模型求解均在 MATLAB 7.0 下完成。建立的侵蚀产沙预测模型表达式和检验结果如表 7-4 所示。

表 7-4　流域次降雨侵蚀产沙临界预测模型

敏感因子	模型表达式	判定系数 R^2	降雨场次	F 检验值	P	平均误差 /(t/km²)	相对误差 /%	分形信息维数
径流侵蚀功率	$M_s = 39153.61E^{0.4861} \times D_i^{2.4154}$	0.921 1	45	1314.6	0.001	497.51	17.29	$D_i < 0.8140$
径流深	$M_s = 594.40 H^{1.147} \times D_i^{1.258}$	0.968 7		1425.2	0.001	350.93	11.19	
径流侵蚀功率	$M_s = 36739.54 E^{0.4398} \times D_i^{5.8496}$	0.962 6	61	1329.6	0.001	416.64	13.23	$D_i > 0.8308$
径流深	$M_s = 774.05 H^{1.022} \times D_i^{3.9464}$	0.901 7		1298.7	0.001	529.04	18.45	

从表 7-4 中的预测结果可以看出，自变量为分形信息维数 D_i 和敏感因子以及和非敏感因子的组合，所构建的侵蚀产沙模型的预测精度均较高，其判定系数 R^2 均在 90% 以上，显著性水平均小于 0.05（$P = 0.001$）；其他检验指标，如平均误差、相对误差值都较小，F 检验值较大，表现出良好的数据拟合效果，说明所建立的数学预测模型能很好地反映、刻画出岔巴沟流域侵蚀产沙的实际情况。

尽管采用径流侵蚀功率 E 和径流深 H 建立的侵蚀产沙预测模型均具有较高的预测精度，值得注意的是，当分形信息维数较小的情况下（$D_i < 0.8140$），建立的模型采用径流深 H 作为自变量具有更高的预测精度；当分形信息维数较大的情况下（$D_i > 0.8308$），建立的模型采用径流侵蚀功率 E 作为自变量具有更高的预测精度。这便验证了当流域地貌相对较为简单时，侵蚀模数对径流深更为敏感，此时采用径流深能够更准确地描述流域侵蚀产沙特征；当流域地貌相对较为复杂时，侵蚀模数对径流侵蚀功率更为敏感，此时采用径流侵蚀功率能够更准确地刻画流域侵蚀产沙特征这一结论。

为了验证上述所建立的基于流域临界地貌的次降雨侵蚀产沙分段预测模型的可靠性和准确性，分别采用径流深 H 和径流侵蚀功率 E 对未参与建模的地形较为简单的蛇家沟子流域（32 场降雨）和地形较为复杂的西庄子流域（33 场降雨）的侵蚀模数进行预测和对比，其预测对比结果如图 7-6 所示。

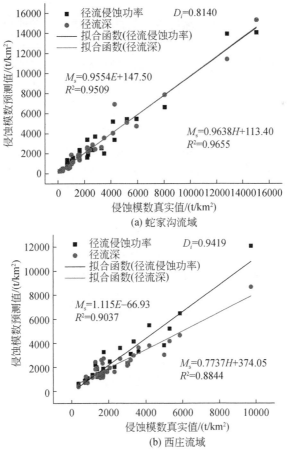

图 7-6　流域次降雨侵蚀产沙模数预测值与实测值关系

从流域侵蚀模数的真实值与预测值的散点图分布情况可以看出，采用径流深和径流侵蚀功率所建立的预测模型预测值与真实值拟合程度均较好。蛇家沟子流域地形较为简单（$D_i = 0.8140$），此时采用径流深 H 作为自变量，侵蚀模数预测值同真实值的拟合程度更好（$R^2 = 0.9655$），其数学模型预测精度得到提升。西庄子流域地形较为复杂（$D_i = 0.9419$），此时采用径流侵蚀功率 E 作为自变量，侵蚀模数预测值同真实值的拟合程度更好（$R^2 = 0.9037$），其数学模型预测精度得到提升。

结果表明，本书所建立的基于流域临界地貌的次降雨侵蚀产沙分段预测模型，考虑到流域不同地貌形态复杂程度所对应的敏感因子，即流域侵蚀产沙的主要影响因子。流域地貌形态简单时，引入径流深与分形信息维数的组合作为自变量；流域地貌形态复杂时，引入径流侵蚀功率与分形信息维数的组合作为自变量，对流域侵蚀产沙特征表现出更高的预测精度，可以很好地模拟不同地貌形态下的侵蚀模数。虽然在有些情况下预测值误差较大，这是由于本书收集的水文资料有限，且模型中没有考虑流域下垫面情况（土壤类型、植被覆盖、水土保持措施以及人类工程活动等）和降雨时空分布等因素，所以其预测结果是可以接受的，证明该临界地貌侵蚀产沙分段预测模型具有较高的准确性和可靠性。

7.5　临界地貌对流域侵蚀产沙的作用机理

通过上述分析可知，本书基于流域临界地貌的次降雨侵蚀产沙分段预测模型的提出和建立，是以黄土高原丘陵沟壑区第一副区内典型流域，即大理河流域下游岔巴沟流域及其7个子流域为研究对象开展的，数学模型的预测精度较好，具有较高的准确性和可靠性。但预测模型中流域侵蚀产沙敏感因子的选用及分段建模思路及其结果能否推广应用于其他流域中，则需要进一步验证。

因此，为了进一步证实地貌形态临界值的客观存在性、适用性以及临界地貌分段预测模型的实用性和推广性；也为了进一步探究流域地貌简单和复杂的情况下，以分形信息维数为界分别引入对应的敏感因子的可靠性与准确性，本书针对其他流域继续开展基于临界的地貌侵蚀产沙分段预测模型的研究，同时对流域侵蚀产沙过程及其水文响应特征发生质变给出物理解释。

本书采用上述的建模思想，以大理河其他流域，即大理河流域内上游青阳岔流域（青阳岔站）、中游李家河流域（李家河站）为研究对象，继续建立侵蚀产沙临界地貌分段预测模型。本次全面收集青阳岔流域（40 场降雨）和李家河流域（53 场降雨）1972～2002 年的径流泥沙观测资料。20 世纪 60～90 年代，以及 21 世纪初，大理河流域多以大暴雨（100mm ≤ P_{24h} < 200mm，P_{24h} 为 24 小时降水量）、暴雨（50mm ≤ P_{24h} < 100mm）频繁出现，多发生于 7～8 月。青阳岔站 "2001.8.18" 一次大暴雨 P_{24h} 为 119.8mm，洪水和泥沙量分别占全年的 43.3% 和 65.1%，2001 年 8 月 18 日、19 日总产沙量高达 468 万 t，占年产沙量的 71%，说明暴雨侵蚀成为该流域径流侵蚀产沙的主要影响因素（程圣东，2016）。

其数学模型表达式和预测结果如表 7-5 所示。可以看出所建立的流域临界地貌侵蚀产沙分段预测模型同表 7-4 结果类似，也出现了采用侵蚀产沙敏感因子建立的分段预测模型的预测精度得以提高的情况。青阳岔流域地貌相对简单（$D_i = 0.7537$），采用径流深的模型预测精度（$R^2 = 0.9571$）大于采用径流侵蚀功率的模型预测精度（$R^2 = 0.8614$）；表明当分形信息维数较小时，侵蚀产沙特征与径流深关系更为密切。李家河流域地貌相对复杂（$D_i = 0.8480$），采用径流侵蚀功率的模型预测精度（$R^2 = 0.9909$）大于采用径流深的模型预测精度（$R^2 = 0.9136$），表明当分形信息维数较大时，侵蚀产沙特征与径流侵蚀功率密切相关。这便进一步证明了流域地貌临界侵蚀产沙现象的客观存在性。

表 7-5　临界预测模型检验结果

流域	敏感因子	模型表达式	判定系数 R^2	降雨场次	F 检验值	P	平均误差 /(t/km²)	相对误差 /%	分形信息维数
青阳岔	径流侵蚀功率	$M_s = 16.56 E^{0.5848} \times D_i^{-30.9657}$	0.8614	40	311.1	0.0001	258	24.67	$D_i = 0.7537$
	径流深	$M_s = 0.48 H^{0.9823} \times D_i^{-0.012}$	0.9571		479.0	0.0001	139	19.76	
李家河	径流侵蚀功率	$M_s = 35.76 E^{0.4820} \times D_i^{-44.6425}$	0.9909	53	544.9	0.0001	109	14.79	$D_i = 0.8480$
	径流深	$M_s = 0.21 H^{1.1088} \times D_i^{0.0238}$	0.9136		184.6	0.0001	255	29.79	

　　通过以上预测结果可知，分别在大理河流域下游岔巴沟流域及其 7 个子流域，以及大理河流域上游青阳岔流域、中游李家河流域所建立的基于流域临界地貌的次降雨侵蚀产沙分段预测模型，在建模和预测方面均具有较高的预测精度；尤其当预测模型采用地貌形态对应的敏感因子作为自变量时，表现出比非敏感因子更好的侵蚀模数预测能力。说明结合流域地貌形态的简单和复杂程度，分别引入对应的敏感因子所建立的侵蚀产沙分段预测模型，具有更高的准确性和可靠性，以及更好的推广性。由此表明，流域下垫面地貌特征与流域侵蚀产沙变化规律密切相关；流域地貌形态的简单或复杂程度，直接影响流域侵蚀产沙过程和内在特征。综合分析可知，这是由于不同地貌形态对流域侵蚀产沙的作用机理不同；当地貌超过临界值时，导致其侵蚀产沙现象产生质的改变，表现为侵蚀产沙过程及其水文响应特征发生了本质的改变，因此，产生了黄土高原流域侵蚀产沙的临界地貌现象。

　　地貌临界说是 1973 年美国学者 Schumm（1973）首次提出的一种全新的地貌发育理论。原意指在外部控制因素（如气候、海平面及土地利用）等条件不变的情况下，地貌形态演变过程中突然发生变化的状态。例如，半干旱区因泥沙堆积促使谷底坡度过陡而引起的拗沟作用的破坏；因超越冰川稳定性而引起的冰的周期性积累和消融等。随后，Schumm 把地貌系统外部控制因素而引发的地貌突然变化状态也定义为外在临界（extrinsic threshold），将原来的地貌系统固有的临界称为内在临界（intrinsic threshold）。地貌临界这一概念的提出，摆脱了堆积速率和平均侵蚀的概念，从全新的视角阐释了地貌侵蚀、堆积作用的复杂多变性，使地貌学更好地付诸实践，如用来防止沟谷侵蚀，确定地形发育的起始不稳定条件，进行产沙控制，设计稳定渠道，河型演化判别，分析阶地成因，解释异常侵蚀、堆积特征，预测在人类活动中地貌景观中引起的未来侵蚀与堆积变化等。

由于地貌临界理论从全新的角度揭示地貌现象由渐变到突变或者说由量变到质变的转化规律，合理地解释了地貌演化过程中发生的明显变异现象，因此受到普遍关注（陆中臣等，2006；陈浩等，2003）。研究地貌临界不仅涵盖了深刻的科学理论意义，而且具有相当广泛的实践意义，如运用地貌过程中的临界阈值，量化地貌发育阶段，剖析地貌要素之间相互作用的内在强度、机理和动态转化的临界条件，为流域侵蚀产沙提供可靠依据。诸多学者对黄土高原侵蚀产沙的地貌临界现象开展了相应的研究（陆中臣等，2006；陈浩等，2003），从地貌学视角阐释了黄土高原侵蚀产沙过程中，在坡沟系统、流域尺度确实存在地貌临界现象，研究了黄土高原不同尺度的侵蚀产沙的几个地貌临界问题（陆中臣等，2006；陈浩等，2003）。

实际上，如果坡度、坡长或流域面积并未超过地貌临界值，表明地貌形态较为简单时，分形信息维数较小，只有颗粒较小的物质被搬运，而卵石、砾石等大块的物质依然存在。此时，土壤侵蚀程度较为轻微，面蚀（片蚀）为主要的侵蚀类型。面蚀（片蚀）具有受降雨影响和陆地表面径流的影响，土壤表层细小颗粒物质被剥离、搬运的特点（Dietrich et al.，1993；Prosser and Abernethy，1996；Yu et al.，2014；张霞等，2015）。在这样的情况下，水和固体颗粒混合物随水流流动，土壤被连续的薄层水流侵蚀，表现为以侵蚀搬运和传输小颗粒物质为主，水力侵蚀作用轻微；这与相关学者提出的薄层水流只能运输黏土和粉砂（Dietrich et al.，1993；Prosser and Abernethy，1996）的结论一致。因此，此时降雨侵蚀特征主要表现为面蚀（片蚀），侵蚀产沙过程主要受降雨侵蚀作用影响，侵蚀产沙来源主要基于降雨侵蚀过程。由于径流深与降雨侵蚀能力关系密切，因此在流域地貌形态较为简单的情况下，引入径流深更能真实地刻画出降雨-径流侵蚀产沙特性。

相反，如果坡度、坡长或流域面积超过地貌临界值，此时地貌较为复杂，分形信息维数较大，流域内河道增多，河流切割严重，地形起伏度较大，沟壑密度加剧，发生沟蚀。在此情况下，土壤侵蚀程度比较严重，细沟侵蚀和沟蚀占据主要侵蚀类型（Dietrich et al.，1993；Prosser and Abernethy，1996；Valentin et al.，2005）。一旦细沟侵蚀和沟蚀发育，下垫面便会出现裂隙和切口，受重力侵蚀所致，会触发一系列土壤退化现象（管涌、土体坍塌、下切和侧蚀）。而且，随着沟道之间连通性逐渐增多，增强了沟道之间产沙能力，增加了侵蚀产沙的风险（Dietrich et al.，1993；Prosser and Abernethy，1996；Valentin et al.，2005），水力侵蚀程度十分严重。因此说明，此时主要的侵蚀产沙来源不仅仅与降雨侵蚀有关，而且更多的是与泥沙的沉积与传输过程有关；降雨侵蚀和传输泥沙的双重功效同时作用于侵蚀产沙过程。虽然径流深与降雨侵蚀能力关系密切，能够反映出降雨能力和降雨雨量再分配强度的指标，但它不能综合反映洪水传输泥沙的特性；因此，径流深不能反映地貌复杂情况下流域侵蚀产沙过程的综合特性。所以，当流域地貌形态较为复杂时，在此引入洪水侵蚀产沙的动力指标，即径流侵蚀功率，来准确描述降雨-径流侵蚀产沙和洪水输沙的双重特性。

总体来说，流域侵蚀产沙特征与下垫面地形地貌形态关系十分密切，其动态水文响应特征也会随地貌形态的改变而发生变化。当地貌超过临界值时，阈值特性和动态水文响应过程也随之变化，相应的侵蚀产沙特征也会发生改变。当地貌较为简单时，水力侵蚀程度轻微，更易于发生面蚀（片蚀），侵蚀产沙过程主要受降雨侵蚀作用，侵蚀产沙特征主要表现为降雨侵蚀特性；然而，当地貌超过临界值时，地貌形态较为复杂，水力侵蚀程度严重，更易于发生沟蚀，侵蚀产沙过程受降雨侵蚀和传输泥沙的共同作用影响，侵蚀产沙特征表现出降雨侵蚀和洪水输沙的双重特征。因此，径流深能够真实刻画降雨侵蚀能力，径流侵蚀功率能够综合反映降雨侵蚀与洪水输沙能力的双重特性。本书使用分形信息维数来综合反映流域地貌特征，提出侵蚀产沙地貌临界阈值；以分形信息维数为界，分段引入对应的敏感因子作为变量，建立基于流域临界地貌的次降雨侵蚀产沙分段预测模型，反映不同地貌形态下的侵蚀产沙特征。

结果表明，不同的地貌侵蚀产沙过程具有不同的临界阈值和相应的侵蚀产沙特征。黄土高原临界地貌的侵蚀产沙现象，是地貌作用于侵蚀产沙而产生由量变到质变的"突发点"。超过这一临界地貌界限，侵蚀产沙现象将发生质的"突变"，表现为侵蚀产沙过程及其水文响应特征发生了本质的改变。因此，产生了黄土高原流域临界地貌的侵蚀产沙现象。基于流域临界地貌的次降雨侵蚀产沙分段预测模型对于预测流域次降雨侵蚀产沙具有较好的预测能力和较高的预测精度；分形信息维数能够具体表征流域地貌综合特性，使用分形信息维数临界值所对应的变量来预测流域次降雨产沙模数的方法，具有一定的可靠性和普适性。

7.6   小　　结

本章以黄土高原丘陵沟壑区第一副区内典型小流域岔巴沟流域为研究对象，采用BP神经网络技术并且结合流域次降雨侵蚀产沙特征，建立流域尺度的侵蚀产沙神经网络预测模型。通过缺失因子检验方法定量评价流域侵蚀过程对影响因子的敏感性，确定综合因素对流域侵蚀产沙内在特征的影响程度，验证流域临界地貌侵蚀产沙现象的真实存在。在此基础上，以流域临界地貌作为边界，结合确定的敏感因子与分形信息维数，建立并验证流域尺度次降雨临界地貌侵蚀产沙分段预测模型；阐明黄土高原丘陵沟壑区临界地貌侵蚀产沙特征，揭示不同地貌形态对黄土高原丘陵沟壑区小流域侵蚀产沙的影响方式和调控机理。

（1）选取流域次降雨侵蚀产沙模数作为输出因子，选取径流深、径流侵蚀功率和洪峰流量模数作为输入因子，建立流域次降雨侵蚀产沙BP神经网络模型，预测结果与多重线性回归方法进行比较。检验结果表明，BPANN模型具有较好的多因素非线性预测能力，预测精度较高；较MLR而言，在预测流域次降雨侵蚀产沙模数方面具有更好的预测性能；能够真实有效地反映流域侵蚀产沙特征。

（2）流域下垫面地形地貌形态千差万别，导致流域的侵蚀产沙特征具有不确定性和空间差异性等特征。径流侵蚀功率和径流深对流域侵蚀产沙的影响程度与地形地貌的复杂特征密切相关。当地形地貌简单时，侵蚀模数对径流深影响因素更为敏感；相反，地形地貌复杂时，侵蚀产沙对径流侵蚀功率影响因素更为敏感。基于BP神经网络模型的敏感因子确定方法对于选择侵蚀产沙的主要影响（敏感）因子而言是有利的，并且随着影响因子的逐渐增多，该定量方法会更加有效。

（3）使用分形信息维数来综合反映流域地貌形态特征，提出侵蚀产沙地貌临界阈值。

以流域临界地貌（分形信息维数）作为边界，分段引入所对应的敏感因子作为变量，建立基于流域临界地貌的次降雨侵蚀产沙分段预测模型。当大于地貌临界值时，采用径流侵蚀功率的模型预测精度优于采用径流深的预测精度；当地貌小于临界值时，使用径流深的模型预测精度高于采用径流侵蚀功率的预测精度。表明该侵蚀产沙分段预测模型具有较好的预测能力和较高的预测精度，能够反映不同地貌形态下的侵蚀产沙特征。分形信息维数能够具体表征流域地形地貌综合特性，并且使用分形信息维数临界值所对应的变量来预测流域次降雨产沙量的方法，具有一定的可靠性和普适性。

（4）不同的地貌侵蚀产沙过程具有不同的临界阈值和相应的侵蚀产沙特征。黄土高原临界地貌的侵蚀产沙现象，是地貌作用于侵蚀产沙而产生由量变到质变的"突发点"。超过这一临界地貌界限，侵蚀产沙现象将发生质的"突变"，表现为侵蚀产沙过程及其水文响应特征发生了本质的改变。因此，产生了黄土高原流域侵蚀产沙的临界地貌现象。

（5）不同地貌形态对流域侵蚀产沙的作用机理不同，表现为侵蚀产沙过程以及水文响应特征与地形地貌紧密程度不同。地貌较为简单时，水力侵蚀程度轻微，更易于发生面蚀（片蚀），侵蚀产沙过程主要受降雨侵蚀作用，侵蚀产沙特征主要体现为降雨侵蚀特性。当地貌超过临界值时，地貌形态较为复杂，水力侵蚀程度严重，更易于发生细沟侵蚀和沟蚀，降雨侵蚀和传输泥沙共同作用于侵蚀产沙过程，侵蚀产沙特征表现出降雨侵蚀和洪水输沙的双重特征。

（6）由于流域下垫面千差万别，且一直处于动态变化之中，分形信息维数数据相对有限，还需要继续进行进一步的综合分析与比较，用于研究流域临界地貌侵蚀产沙预测模型的建立。然而，在本书中所呈现的模型，综合考虑了流域地形地貌特征、径流深、径流侵蚀功率以及各主要因素的相关关系，因此所建立的模型是比较可行的，并且可以用于建立和普及其他侵蚀模型。

参 考 文 献

陈浩，陆中臣，李忠艳，等. 2003. 流域产沙中的地理环境要素临界. 中国科学 D 辑，33（10）：1015-1012.

程圣东. 2016. 黄土区植被格局对坡沟–流域侵蚀产沙的影响研究. 西安：西安理工大学.

崔灵周. 2002. 流域降雨侵蚀产沙与地貌形态特征耦合关系研究. 咸阳：西北农林科技大学.

崔灵周，李占斌，郭彦彪，等. 2007. 基于分形信息维数的流域地貌形态与侵蚀产沙关系. 土壤学报，44（2）：197-201.

冯绍元，霍再林，康绍忠，等. 2007. 干旱内陆区自然–人工条件下地下水位动态的 ANN 模型. 水利学报，38（7）：873-878，885.

胡春宏，张晓明. 2019. 关于黄土高原水土流失治理格局调整的建议. 中国水利，23：5-7.

刘国彬，上官周平，姚文艺，等. 2017. 黄土高原生态工程的生态成效. 中国科学院院刊，32（1）：11-19.

刘晓燕. 2016. 黄河近年水沙锐减成因. 北京：科学出版社.

鲁克新，李占斌，李鹏，等. 2008. 基于径流侵蚀功率的流域次暴雨输沙模型研究——以岔巴沟流域为例. 长江科学院院报，25（3）：31-34.

陆中臣，陈劭锋，陈浩. 2006，黄土高原侵蚀产沙的地貌临界. 水土保持研究，13（1）：1-7.

王光谦, 钟德钰, 吴保生. 2020. 黄河泥沙未来变化趋势. 中国水利, 1: 9-12.

张霞, 李鹏, 李占斌, 等. 2015. 黄土高原丘陵沟壑区临界地貌侵蚀产沙特征. 农业工程学报, 31 (4): 129-136.

朱永清. 2006. 黄土高原典型流域地貌形态分形特征与空间尺度转换研究. 西安: 西安理工大学.

Agarwal A, Mishra S K, Ram S, et al. 2006. Simulation of runoff and sediment yield using artificial neural networks. Biosystems Engineering, 94 (4): 597-613.

Agterberg F P. 1993. Calculation of the variance of mean values for blocks in regional resource evaluation studies. Nonrenewable Resources, 2: 312-324.

Al-Hamdan M. 2004. Flow resistance characterization of forested flood plains using spatial analysis of remotely sensed data and GIS. Ph. D. Dissertation, University of Alabama-Hunstville, Huntsville, AL, 259.

ASCE (ASCE Task Committee on Application of Artificial Neural Networks in Hydrology). 2000a. Artificial neural networks in hydrology. I: preliminary concepts. Journal of Hydrology Engineering. ASCE, 5 (2): 115-123.

ASCE (ASCE Task Committee on Application of Artificial Neural Networks in Hydrology). 2000b. Artificial neural networks in hydrology. II: hydrologic applications. Journal of Hydrology Engineering, ASCE, 5 (2): 124-137.

Basheer I A, Hajmeer M. 2000. Artificial neural networks: fundamentals, computing, design, and application. Journal of Microbiological Methods, 43 (1): 3-31.

Bhattacharya B, Solomatine D P. 2000. Application of artificial neural network in stage-discharge relationship. Proceedings of the 4th International Conference on Hydro-informatics, Iowa City, IA: 1-7.

Cheng Q M. 1995. The perimeter-area fractal model and its application to geology. Mathematical Geology, 27: 69-82.

Cheng Q M, Agterberg F P, Ballantyne S B. 1994. The sepa ration of geochemical anomalies from background by fractal methods. Journal of Geochemical Exploration, 51: 109-130.

Cheng Q M, Xu Y, Grunsky E. 2000. Multifractal power spectrum-area method for geochemical anomaly separation. Natural Resources Research, 9: 43-51.

Chust G, Ducrot D, Pretus J L. 2004. Land cover mapping with patch-derived landscape indices. Landscape and Urban Planning, 69 (4): 439-449.

Coulibaly P, Anctil F, Bobee B. 2000. Daily reservoir inflow forecasting using artificial neural networks with stopped training approach. Journal of Hydrology, 230 (3-4): 244-257.

Czapar G F, Laflen J M, McIsaac G F, et al. 2005. Proceedings of the effect of erosion control practices on nutrient loss. The Gulf Hypoxia and Local Water Quality Concerns Workshop, Ames, IA: 26-28 September.

Dawson C W, Wilby R L. 2001. Hydrological modelling using artificial neural networks. Progress in Physical Geography, 25 (1): 80-108.

De Cola L. 1989. Fractal analysis of a classified Landsat scene. Photogrammetric Engineering & Remote Sensing, 55 (5): 601-610.

Dietrich W E, Wilson C J, Montgomery D R, et al. 1993. Analysis of erosion thresholds, channel networks, and landscape morphology using a digital terrain model. Journal of Geology, 101: 259-278.

Foster G R. 2001. Keynote: soil erosion prediction technology for conservation planning. In: Stott D E, Mohtar R H, Steinhartdt G C (Eds). Proceedings of the Sustaining the Global Farm. Selected Papers from the 10th International Soil Conservation Organization Meeting. Purdue University and the USDA-ARS National Soil Erosion Research Laboratory, 24-29 May 1999.

Fournier F. 1960. Climat et Erosion. Paris: Presses Universitaires de France.

Fu L. 1995. Neural Networks in Computer Intelligence. New York: McGraw-Hill.

Giménez D, Perfect E, Rawls W J, et al. 1997. Fractal model for predicting soil hydraulic properties: a review. Engineering Geology, 48: 161-183.

Govindaraju R S. 2000. Artificial neural networks in hydrology II: hydrological applications. Journal of Hydrologic Engineering, 5 (2): 124-137.

Hessel R. 2002. Modelling soil erosion in a small catchment on the Chinese Loess Plateau: applying LISEM to extreme conditions. Netherlands Geographical Studies, 307: 1-21.

Hessel R. 2006. Consequences of hyperconcenttrated flow for process-based soil erosion modelling on the Chinese Loess Plateau. Earth Surface Processes and Landforms, 31: 1100-1114.

Hessel R, Van Asch T. 2003. Modelling gully erosion for a small catchment on the Chinese Loess Plateau. Catena, 54: 131-146.

Hu C. 2020. Implications of water-sediment co-varying trends in large rivers. Science Bulletin, 65: 4-6.

Huang G H, Zhang R D, Huang Q Z. 2006. Modeling soil water retention curve with a fractal method. Pedosphere, 16: 137-146.

Jaggi S, Quattrochi D A, Lam N S N. 1993. Implementation and operation of three fractal measurement algorithms for analysis of remote-sensing data. Computers & Geosciences, 19: 745-767.

Jain S K. 2001. Development of integrated sediment rating curves using ANNs. Journal of hydraulic engineering, 127 (1): 30-37.

Jiang S Y, Ren Z Y, Xue K M, et al. 2008. Application of BPANN for prediction of backward ball spinning of thin-walled tubular part with longitudinal inner ribs. Journal of Materials Processing Technology, 196: 190-196.

Kisi O. 2004. Multi-layer perceptrons with Levenberg-Marquardt optimization algorithm for suspended sediment concentration prediction and estimation. Hydrological Sciences Journal, 49 (6): 1025-1040.

Kisi O, Yuksel I, Dogan E. 2008. Modelling daily suspended sediment of rivers in Turkey using several data driven techniques. Hydrological Sciences Journal, 53 (6): 1270-1285.

Klinkenberg B, Goodchild M F. 1992. The fractal properties of topography: a comparison of methods. Earth Surface Processes and Landforms, 17: 217-234.

Kolehmainen M, Martikainen H, Ruuskanen J. 2001. Neural networks and periodic components used in air quality forecasting. Atmospheric Environment, 35: 815-825.

Kuo Y M, Liu C W, Lin K H. 2004. Evaluation of the ability of an artificial neural network model to assess the variation of groundwater quality in an area of blackfoot disease in Taiwan. Water Research, 38 (1): 148-158.

Lam N S N. 2004. Fractals and scale in environmental assessment and monitoring. In: Sheppard E, McMaster R (Eds) . Scale and Geographic Inquiry: Nature, Society, and Method. Oxford: Blackwell Publishing.

Lam N S N, Qiu H L, Quattrochi D A, et al. 2002. An evaluation of fractal methods for characterizing image complexity. Cartography and Geographic Information Science, 29: 25-35.

Lane L J, Nearing M A. 1989. USDA-Water Erosion Prediction Project-Hillslope Profile Version. NSERL Report No. 2. US Department of Agriculture, Agriculture Research Service, W. Lafayette, IN.

Liu A J, Cameron G N. 2001. Analysis of landscape patterns in coastal wetlands of Galveston Bay, Texas (USA). Landscape Ecology, 16 (7): 581-595.

Liu J L, Xu S H. 2002. Applicability of fractal models in estimating soil water retention characteristics from particle-size distribution data. Pedosphere, 12: 301-308.

Liu L, Liu X H. 2010. Sensitivity analysis of soil erosion in the Northern Loess Plateau. Procedia Environmental

Sciences, 2: 134-148.

Maier H R, Dandy G C. 2000. Neural networks for the prediction and forecasting of water resources variables: a review of modelling issues and applications. Environment Model Software, 15: 101-124.

Mandelbrot B B. 1967. How long is the coast of Britain? Statistical self- similarity and fractional dimension. Science, 156: 636-638.

Marquardt D W. 1963. An algorithm for least-squares estimation of nonlinear parameters. Journal of the Society for Industrial & Applied Mathematics, 11: 431-441.

Myint S W, Lam N S N. 2005. Examining lacunarity approaches in comparison with fractal and spatial autocorrelation techniques for urban mapping. Photogrammetric Engineering & Remote Sensing, 71 (8): 927-937.

Myint S W, Lam N S N, Tyler J M. 2004. Wavelets for urban spatial feature discrimination: comparisons with fractal, spatial autocorrelation, and spatial co- occurrence approaches. Photogrammetric Engineering & Remote Sensing, 70 (7): 803-812.

Poesen J, Nachtergaele J, Verstraeten G, et al. 2003. Gully erosion and environmental change: importance and research needs. Catena, 50: 91-133.

Prosser I P, Abernethy B. 1996. Predicting the topographic limits to a gully network using a digital terrain model and process thresholds. Water Resources Research, 32: 2289-2298.

Qiu H L, Lam N S N, Quattrochi D A, et al. 1999. Fractal characterization of hyperspectral imagery. Photogrammetric Engineering & Remote Sensing, 65 (1): 63-71.

Quattrochi D A, Emerson C W, Lam N S N, et al. 2001. Fractal characterization of multitemporal remote sensing data. In: Tate N J, Atkinson P M (Eds). Modelling Scale in Geographical Information Science. New York: John Wiley and Sons.

Read J M, Lam N S N. 2002. Spatial methods for characterising land cover and detecting land- cover changes for the tropics. International Journal of Remote Sensing, 23 (12): 2457-2474.

Renard K G, Freimund J R. 1994. Using monthly precipitation data to estimate the R-factor in the revised USLE. Journal of Hydrology, 157: 287-306.

Renard K G, Foster G R, Weesies G A, et al. 1997. Predicting soil erosion by water: a guide to conservation planning with the Revised Universal Soil Loss Equation (RUSLE). Agric. Handbook No. 703. U. S. Gov. Print. Office, Washington, D C.

Robert A, Roy A G. 1990. On the fractal interpretation of the mainstream length-drainage area relationship. Water Resources Research, 26: 839-842.

Rumelhart D E, McClelland J L, the PDP Research Group, et al. 1986. Parallel distributed processing: exploration in the microstructure of cognition. Cambridge: MIT Press.

Rumelhart D E, Durbin R, Golden R, et al. 1995. Backpropagation: the basic theory. In: Rumelhart D E, Yves C (Eds). Backpropgagation: Theory, Architecture, and Applications. Mahwah: Lawrence Erlbaum.

Sanderson D J, Roberts S, Gumiel P. 1994. A fractal relationship between vein thickness and gold grade in drill core from La Codosera, Spain. Economic Geology, 89: 168-173.

Schumm S A. 1973. Geomorphic thresholds and complex response of drainage systems. Binghamton: State University of New York at Binghamton.

Swingler K. 1996. Applying Neural Networks: a Practical Guide. New York: Academic Press.

Tayfur G. 2002. Artificial neural networks for sheet sediment transport. Hydrological Sciences Journal, 47 (6): 879-892.

Turcotte D L. 1993. Fractals and chaos in geology and geophysics: logistic map. Physics Today, 46 (5): 68.

Turcotte D L. 2002. Fractals in petrology. Lithos, 65: 261-271.

Turner M G, Ruscher C L. 1988. Changes in landscape patterns in Georgia, USA. Landscape Ecology, 1 (4): 241-251.

Valentin C, Poesen J, Li Y. 2005. Gully erosion: impacts, factors and control. Catena, 63 (2-3): 132-153.

Veneziano D, Niemann J D. 2000. Self- similarity and multifractality of fluvial erosion topography 2. Scaling properties. Water Resources Research, 36: 1937-1951.

Wang X D, Zhong X H, Liu S Z, et al. 2008a. A non-linear technique based on fractal method for describing gully-head changes associated with land-use in an arid environment in China. Catena, 72: 106-112.

Wang Z, Cheng Q, Xu D, et al. 2008b. Fractal modeling of sphalerite banding in Jinding Pb- Zn Deposit, Yunnan, Southwestern China. Journal of China University of Geosciences, 19: 77-84.

Wijdenes D J O, Bryan R. 2001. Gully-head erosion processes on a semi-arid valley floor in Kenya: a case study into temporal variation and sediment budgeting. Earth Surface Processes and Landforms, 26: 911-933.

Wijdenes D J O, Poesen J, Vandekerckhove L, et al. 2000. Spatial distribution of gully head activity and sediment supply along an ephemeral channel in Mediterranean environment. Catena, 30: 147-167.

Wischmeier W H, Smith D D. 1978. Predicting rainfall erosion losses: a guide to conservation planning. Agric. Handbook No. 282. US Department of Agriculture, Washington, DC.

Wu Q X, Wang Y K, Han B, et al. 1994. Forest and grassland resources and vegetation construction in the soil and water loss region of the Loess Plateau. Research Soil Water Conservation, 1: 2-13.

Xu J X. 1999. Erosion caused by hyperconcentrated flow on the Loess Plateau. Catena, 36: 1-19.

Xu J X. 2004. Hyperconcentrated flows in the slope-channel systems in gullied hilly areas on the loess plateau, China. Geografiska Annaler, 86A: 349-366.

Yang Z P, Lu W X, Long Y Q, et al. 2009. Application and comparison of two prediction models for groundwater levels: a case study in Western Jilin Province, China. Journal of Arid Environments, 73: 487-492.

Yu G Q, Zhang M S, Li Z B, et al. 2014. Piecewise prediction model for watershed-scale erosion and sediment yield of individual rainfall events on the Loess Plateau. Hydrological Processes, 28: 5322-5336.

Zheng M G, Cai Q G, Chen H. 2007. Effect of vegetation on runoff-sediment yield relationship at different spatial scales in hilly areas of the Loess Plateau, North China. Acta Ecologica Sinica, 27: 3572-3581.

Zheng M G, Cai Q G, Cheng Q J. 2008. Modelling the runoff- sediment yield relationship using a proportional function in hilly areas of the Loess Plateau, North China. Geomorphology, 93: 288-301.

后　　记

随着社会的发展与进步，关于坡沟系统、小流域水蚀过程以及植被配置方式减蚀机理的研究日益受到学术界和社会公众的普遍关注。通过研究，本书虽取得了一些阶段性成果，但由于涉及的问题复杂，仍有诸多不够完善、深入之处，需要进一步开展系统研究。

（1）坡沟系统在径流冲刷试验条件下，不同植被格局空间配置下的侵蚀产沙特征和对应条件下的降雨试验的侵蚀产沙特征存在一定的差异，说明在实际的径流冲刷和降雨试验过程中，表现出不一样的侵蚀产沙特征。在后续的研究工作中需要不断完善试验设计，增加降雨与径流冲刷试验，开展系统、全面、深入的对比研究。

（2）通过室内有限的植被空间配置方式下的降雨试验，探究了坡沟系统侵蚀产沙来源的差异性，阐明了侵蚀产沙量和植被的相对位置满足二次幂函数关系，确定了植被调控侵蚀最优布设区域，即最佳的植被配置方式。但由于受实际条件限制，试验次数有限，侵蚀产沙来源与植被调控侵蚀的最优布设区域的范围难免会有偏颇之处。在后续的研究工作中需要不断增加、完善植被空间配置方式，继续开展试验研究，并且增加实际观测对比研究，以便对最优植被相对位置参数加以不断修正和完善。

（3）由于流域下垫面千差万别，受外界因素（水力侵蚀、风力侵蚀、人类工程活动）的影响，流域地貌形态一直处于动态变化之中，而分形信息维数数据相对有限，还需要对多期地貌数据继续进行不断完善与修正。同时本研究在建立侵蚀产沙预测模型过程中，没有考虑到植被因素对流域侵蚀输沙的影响，这与真实的情况还存在一定的差距，因此在今后的研究工作之中，需要将多期植被指数引入预测模型之中，对模型的指标选取和信息加以完善，以便综合分析与比较。

于国强

2020 年 5 月